智能电网技术的集成与创新

李 岩 杨 威 著

哈尔滨出版社
HARBIN PUBLISHING HOUSE

图书在版编目（CIP）数据

智能电网技术的集成与创新／李岩，杨威著.
哈尔滨：哈尔滨出版社，2024.12. -- ISBN 978-7
-5484-8354-0

Ⅰ. TM76

中国国家版本馆 CIP 数据核字第 2024CN8573 号

书　　名：**智能电网技术的集成与创新**
ZHINENG DIANWANG JISHU DE JICHENG YU CHUANGXIN

作　　者：李　岩　杨　威　著
责任编辑：刘　硕
封面设计：赵庆旸

出版发行：哈尔滨出版社（Harbin Publishing House）
社　　址：哈尔滨市香坊区泰山路 82 - 9 号　　邮编：150090
经　　销：全国新华书店
印　　刷：北京鑫益晖印刷有限公司
网　　址：www. hrbcbs. com
E - mail：hrbcbs@yeah. net
编辑版权热线：（0451）87900271　87900272
销售热线：（0451）87900202　87900203

开　　本：787mm×1092mm　1/16　印张：12.5　字数：231 千字
版　　次：2024 年 12 月第 1 版
印　　次：2024 年 12 月第 1 次印刷
书　　号：ISBN 978-7-5484-8354-0
定　　价：48.00 元

凡购本社图书发现印装错误，请与本社印制部联系调换。
服务热线：（0451）87900279

前　言

随着全球范围内能源需求的持续增长，以及日益严峻的环境问题，智能电网作为引领新一代电力系统发展的重要构成部分，正逐步成为全球各国在推动能源结构转型、实现可持续发展目标过程中的核心手段。智能电网凭借其强大的灵活性与极强的可靠性，以及通过高度集成的信息技术和通信技术，对电力生产、分配和消费过程实施的精细化管理，显著提高了能源使用的效率，并有效减轻了环境污染压力。

近年来，伴随着物联网技术的发展、大数据分析的深入应用、云计算服务的蓬勃兴起等，智能电网技术迎来了一个创新发展的黄金期。在此背景下，本书旨在全面而深入地探索智能电网技术的集成策略与创新路径，汇总并分享最新的科研成果与实际应用经验，力求为能源领域的科研人员、工程技术人员以及政策制定者提供一份具有前瞻性、实用性和指导性的参考资料。

全书紧扣智能电网的核心技术脉络，首先系统性地阐述了电子信息通信技术，不仅涵盖了现代通信技术的核心原理，还深入剖析了信号与信息处理技术的原理，为深入理解智能电网中复杂的信息交互机制奠定了坚实的理论基础。随后，本书进一步深入分布式发电技术的广阔天地，从基础理论框架的构建到具体应用场景的剖析，全方位展示了分布式发电技术在推动智能电网智能化、自动化进程中的核心地位与巨大价值。在此基础上，本书着重探讨了智能电网中的信息与通信技术，不仅详细解析了通信系统的整体架构，还对比分析了有线与无线通信方式的独特优势与适用环境，为智能电网高效、稳定的数据传输提供了强有力的技术支撑。此外，本书还对智能电网中的储能技术、电力系统自动化技术、信息安全保护与发展创新等展开了讨论。

在撰写过程中，尽管作者已竭尽全力确保内容的准确性、全面性和实用性，但书中仍可能存在一些疏漏与不足。因此，我们诚挚地邀请广大读者在阅读过程中不吝赐教，提出宝贵意见与建议，共同助力智能电网技术的研究与应用迈向新的高度，携手推动全球能源行业的绿色转型与创新发展。

目　　录

第一章　电子信息通信技术

第一节　现代通信技术

一、现代移动通信

（一）移动通信介绍

1. 移动通信概述

随着社会的不断进步与发展，人们对通信的需求已远远超越了传统的点对点固定通信模式。如今，人们渴望实现一种全新的通信境界，即任何人（Whoever）无论身处何方（Wherever）、何时（Whenever），都能与任何对象（Whomever）进行任何形式（Whatever）的通信交流，这一理念被形象地概括为"5W"通信目标。而要实现这一宏伟目标，移动通信技术无疑扮演着举足轻重的角色。

移动通信，顾名思义，是指通信双方或至少有一方在移动状态下进行的通信活动。它彻底打破了固定通信的局限，使人们能够在行走、驾驶、旅行等各种活动状态下，与固定终端或其他移动载体上的对象保持畅通无阻的通信联系。这种通信方式的灵活性极大地提升了人们的时间利用效率，不仅促进了工作效率的显著提升，还带来了深远的社会效益和经济效益。

移动通信的核心特征在于其"移动性"，而要实现这一特征，必须满足以下两个关键要素：

（1）精准定位与实时跟踪

在移动通信系统中，无论是通信状态还是待机状态，系统都必须能够实时、准确地跟踪移动终端的地理位置信息。这是确保通信连接不会因用户位置的改变而中断的关键所在。同时，系统还需具备为新入网用户提供即时通信服务的能力，这就要求移动通信系统必须拥有强大的移动终端定位与跟踪技术。

（2）寻找并保持最佳接入点

在移动通信环境中，移动终端往往被多个无线基站所覆盖。为了确保通信质量，系统需要从用户和系统两个角度出发，找到一个最佳的接入点（基站）。这个最佳接入点应满足信道衰落最小、损耗特性最佳、噪声干扰最低等条件。为了实现这一目标，系统需要持续对终端与归属基站之间的信道特征、信号质量进行评估和测量，同时还要对相邻接入点的性能进行评价，并根据评估结果灵活调整接入点，以确保通信的稳定性和高效性。

2. 移动通信业务分类

随着移动通信技术的不断发展，移动通信业务也日益丰富多样。目前，主要的移动通信业务可以归纳为以下几种：

（1）汽车调度通信业务

这种业务主要应用于出租汽车公司或大型车队中，通过建立汽车调度台，实现调度员与司机之间的实时通信联系。这种通信方式不仅提高了调度效率，还增强了车辆管理的安全性。

（2）公众移动电话业务

公众移动电话业务是与公用市话网紧密相连的移动通信服务。在大中城市中，通常采用蜂窝小区制来覆盖城市区域，而在业务量较小的中等城市或郊区，则可能采用大区制。用户可以通过车台或手持台来接入网络，享受便捷的移动通信服务。

（3）无绳电话业务

无绳电话是一种创新的通信方式，它取消了传统电话机座与手持收发话器之间的连接导线，通过电磁波实现两者之间的无线连接。这种电话通常具有50～200米的通信范围，为用户提供了更加自由的通话环境。

（4）集群无线电话业务

集群无线电话业务是一种高效的通信方式，它允许多个用户群共同使用无线电信道。通过将若干个原本各自使用单独频率的单工工作调度系统集合到一个基台工作，实现了频率资源的共享和优化利用。这种集群系统不仅提高了通信效率，还降低了运营成本。

（5）无线电寻呼系统业务

无线电寻呼系统是一种单向通信系统，既可用于公用场合，也可用于专用场合，其规模大小因应用需求而异。专用寻呼系统通常由用户交换机、寻呼控制中心、发射台及寻呼接收机组成，而公用寻呼系统则与公用电话网相连接，由无线寻呼控制中心、寻呼发射台及寻呼接收机共同构成。这种系统具有覆盖广泛、使用便捷等特点，是现代社会不可或缺的通信方式。

3. 移动通信的工作方式

（1）按无线电通信工作方式划分

①单向通信方式

单向通信方式，作为无线电通信中最基础且历史悠久的通信模式，其核心特点在于通信过程的单向性。在这种方式下，通常涉及两个移动无线电台，其中一个电台负责发射信号，而另一个则专门负责接收。这种通信方式因其简洁明了，常被应用于需要快速传达指令或进行指挥调度的场合。例如，在紧急救援、军事指挥或某些特定行业的远程操控中，单向通信方式能够迅速、准确地传递关键信息。此外，当基地台（作为固定通信点）与移动台（如车辆、船舶等移动设备）之间需要建立通信时，单向通信也是一个高效的选择。

②双向通信方式

双向通信方式，相较于单向通信，其显著优势在于通信双方能够实现实时的对话交流。在这种模式下，无论是基地台还是移动台，都具备发送和接收信号的能力，使得通信过程更加灵活和便捷。双向通信方式广泛应用于日常生活中的对讲机、手机通话以及各类需要即时反馈的通信场景。它极大地提升了通信效率，使得信息能够在双方之间自由流动，满足了现代社会对快速、高效通信的需求。

③中继通信方式

中继通信方式，是针对复杂地形或远距离通信需求而设计的一种高级通信模式。当两个用户之间的距离过远，或者受到如建筑物、高山等自然障碍物的阻挡时，直接通信往往难以实现。此时，通过引入中继转发台，可以将信号进行转发和放大，从而有效扩大移动通信的服务范围。中继通信方式不仅提高了通信的可靠性和稳定性，还使得在偏远地区或复杂环境下的通信成为可能，为现代社会的通信网络建设提供了有力支持。

（2）按设备使用频率的方式划分

①单频单工方式

单频单工方式，是无线电通信中一种较为简单的频率使用方式。在这种方式下，一部收发信机仅使用一个频率进行通信，且发射和接收不能同时进行。当一方需要发送信息时，需按下特定的按键（如 S 键）来启动发射功能，而此时对方则必须处于接收状态，无法同时发送信息。这种方式的优点在于设备简单、成本低廉，适用于一些对通信要求不高的场合。然而，由于其通信效率相对较低，且无法实现双方同时对话，因此在现代通信中的应用已逐渐减少。

异频单工作为单频单工的改进版，通过为接收和发送分配不同的频率，提高了通信的灵活性和效率。在异频单工模式下，用户可以通过按下PPT键来切换发射和接收状态，从而避免了同频干扰的问题。这种方式的设备虽然相对复杂一些，但因其更好的通信性能和适用性，在某些特定领域仍有着广泛的应用。

②半双工方式

半双工方式，是一种结合了单向通信和双向通信特点的通信方式。在这种模式下，移动台通常采用异频单工的"按住"方式，即平时处于收听状态，仅在需要发言时按下开关键来启动发射功能。而基站则采用双工方式，能够同时发送和接收信号。半双工方式通过使用两个不同的频率来区分发射和接收，有效避免了同频干扰的问题。同时，由于其设备成本相对较低且易于实现，因此在集群移动通信系统中得到了广泛应用。

③双频双工方式

双频双工方式，是无线电通信中一种最为先进且高效的频率使用方式。在这种模式下，基站和移动台双方都能同时发送和接收信号，无须通过按键来切换发射和接收状态。双频双工方式通过为发射和接收分别分配不同的频率，并借助双工器来实现信号的隔离和传输，从而确保了通信的连续性和稳定性。这种方式的优点在于通信效率高、实时性强、抗干扰能力强，因此被广泛应用于蜂窝移动通信等需要高质量通信服务的场合。双频双工方式的实现虽然需要较为复杂的设备和较高的成本，但其卓越的通信性能和广泛的应用前景使其成为现代通信网络中不可或缺的一部分。

（二）电波传播、编码

1. 电波传播

（1）电波传播方式详解

在移动通信中，电波的传播方式多种多样，主要包括直射波、折射波、反射波、散射波、绕射波以及由这些波合成的复合波等。

直射波，顾名思义，是指电波在传播过程中未遭遇任何障碍物，直接抵达接收端的电波形式。这种传播方式主要出现在理想的、无障碍物的电波传播环境中，如广阔的平原或海面等。

反射波则是电波在传播途中遇到比其波长大得多的物体时，在物体表面发生反射而形成的电波。常见的反射表面包括地表、建筑物的墙壁以及大型物体的光滑表面等。反射波的传播路径和强度受到反射物体性质、角度以及电波频率等因素的影响。

散射波则发生在电波遇到表面粗糙或体积较小但数量众多的障碍物时。这些障碍物会使电波在其表面发生散射，形成向多个方向传播的散射波。由于散射波的能量被分散到多个方向，因此其强度通常较弱。

绕射波则是电波在遇到尖锐边缘或障碍物时，由阻挡表面产生的二次波。这些二次波能够绕过障碍物，到达其背面，因此在电波传播过程中起着重要作用。特别是在城市环境或复杂地形中，绕射波的存在使得电波能够覆盖更广泛的区域。

（2）电波传播现象深入剖析

在移动通信中，由于移动台通常处于运动状态，且电波传播环境复杂多变，因此电波在传播过程中会受到各种干扰和影响，导致严重的电波衰落现象。这是移动通信电波传播的一个基本且显著的特点。

不同频段的无线电波具有不同的传播方式和特点。在陆地移动系统中，移动台可能处于城市建筑群之中或地形复杂的区域，其天线会接收来自多条路径的信号。同时，移动台本身的运动使得移动台与基站之间的无线信道变得多变且难以控制。

在电波传播过程中，会出现各种损耗。当电磁波穿透障碍物时，会产生能量损耗，称为穿透损耗。此外，起伏的地形、建筑物以及高大树木和树叶的遮挡会形成电磁场的阴影区域。当移动台在运动中穿过这些阴影区域时，接收天线的场强中值会发生变化，从而引起信号衰落，这种现象被称为阴影效应。

移动通信电波传播中最具特色的现象是多径衰落或多径效应。由于无线电波在传输过程中会受到地形、地物的影响而产生反射、绕射、散射等，电波沿着多条不同的路径传播。这些路径的长度不同，且随着移动台的运动而不断变化，导致部分电波无法到达接收端。而接收端接收到的信号是多条路径上信号的合成信号，这些信号在幅度、相位、频率和到达时间上都不尽相同，因此会产生信号的频率选择性衰落和时延扩展等现象。

频率选择性衰落是指信号中各分量的衰落状况与频率有关，即传输信道对信号中不同频率成分有不同的、随机的响应。这种衰落会导致信号波形产生失真，影响通信质量。

时延扩展则是由于电波传播存在多条不同的路径，且路径长度不同，导致发射端的一个较窄的脉冲信号在到达接收端时变成了由许多不同时延脉冲构成的一组信号。这种现象会增加信号处理的复杂性，并可能导致信号失真或丢失。

移动台接收信号的强度随移动台的运动而产生随机变化的现象被称为衰落。这种衰落具有随机性，其周期可能从几分之一秒到数小时。根据衰落速度的快慢，可以将衰落分为慢衰落和快衰落两种类型。慢衰落，又称长期衰落，是指接收信号强度随机变化比较缓慢的衰落现象，其周期较长，通常为数分钟至数小时。慢衰落主要由电波传播中的阴影效应以及能量扩散引起，具有对数分布的统计特性。而快衰落，又称短期衰落或多径衰落，是指接收信号强度随机变化较快的衰落现象，其周期较短，通常为几秒钟至几分钟。快衰落主要由电波传播中的多径效应所引起，具有莱斯分布或瑞利分布的统计特性。当发射机和接收机之间存在视距路径时，通常服从莱斯分布；而当不存在视距路径时，则通常服从瑞利分布。

路径损耗是上述各种现象综合作用的结果，它指的是信号从发射天线经过无线路径传播到接收天线时所经历的功率损耗。路径损耗的主要原因包括电波随距离的扩散以及地表和地表上各种障碍物的影响。因此，影响路径损耗的主要因素包括传输距离、天线高度以及障碍物分布等。

（3）电波传播的细致分类

电波传播，作为无线通信的基石，其特性深受电波频率、移动体特性以及电波传播环境的共同影响。为了深入探究电波的传播规律，我们可以从多个维度对其进行分类。

首先，从电波的频率角度来看，我们可以将其划分为甚低频（Very Low Frequency，VLF）、低频（Low Frequency，LF）、中频（Medium Frequency，MF）、高频（High Frequency，HF）、甚高频（Very High Frequency，VHF）、特高频（Ultra High Frequency，UHF）以及更高频段（如超高频、极高频等）。在这些频段中，甚高频和特高频因其在移动通信中的广泛应用而显得尤为重要，是当前电波传播研究的重点所在。

其次，根据移动通信系统的不同类型，电波传播又可进一步细分为陆地移动通信、海上移动通信、空中移动通信以及卫星移动通信等。而在陆地移动通信中，电波传播的环境更是复杂多变，包括自由空间传播、建筑物内部传播、隧道内传播以及小区内的电波传播等多种情况。

最后，电波传播的途径也是分类的重要依据。地波传播、空间波传播以及电离层传播等，都是根据电波在传播过程中所经过的介质或空间环境来划分的。

（4）典型电波传播的深入剖析

在移动无线通信的复杂环境中，电波的传播面临着诸多挑战。传播环境的多样性导致了电波传播机理的复杂性，直射、绕射、反射、散射等传播方式相互交织，共同影响着电波的传输效果。同时，由于用户台的移动性，传播参数如接收场强、时延等都会随着时间和位置的变化而快速波动。

因此，在进行无线通信技术设计或移动通信网络建设之前，对信号传播特性的准确估计以及通信环境中可能存在的系统干扰的深入分析显得尤为重要。这时，无线信道模型就成了我们进行这些分析的主要依据。不同的传播环境需要应用不同的传播模型，以确保设计的准确性和有效性。例如，在移动网络规划中，即使话务量分布相同，但建筑物、植被等环境因素的差异也会导致传播特性的不同，因此必须选择相应的传播模型进行精确预测。

（5）无线信道模型的精细分类与选择

无线信道模型，作为描述电波传播特性的重要工具，其分类和选择对于无线通信系统的设计和优化至关重要。一般来说，无线信道模型可以分为室内传播模型和室外传播模型两大类。而在室外传播模型中，又可以进一步细分为宏蜂窝模型和微蜂窝模型。

需要强调的是，由于移动环境的复杂性和多样性，不可能存在一个适用于所有情况的统一模型。每个模型都是基于特定传播环境的实测数据归纳得出的，都有其适用的范围和条件。因此，在进行系统工程设计时，模型的选择就显得尤为重要。不同的模型可能会给出截然不同的预测结果，从而影响系统的性能和稳定性。因此，我们必须根据实际的传播环境来选择合适的无线信道模型，以确保设计的准确性和可靠性。

2. 移动通信中的编码

（1）语音编码技术详解

在移动通信领域，语音信号作为最主要的传输信息，其编码技术显得尤为关键。语音信号本质上是一种模拟信号，而语音的编解码过程则涉及在发送端将这一模拟信号精准地转换为二进制数字信号，以及在接收端将接收到的数字信号准确无误地还原为原始的模拟语音。这一过程不仅要求高度的技术精准性，还直接关乎通信的质量和效率。

语音编码，作为信源编码的重要组成部分，经过数十年的深入研究与不断迭代，已经发展出多种成熟且高效的编码方案。这些方案在通信技术领域中占据着举足轻重的地位，并被广泛应用于各类通信网络中，为信息的传输提供了强有力的支持。

针对移动通信的特殊性，语音编码技术需满足一系列严格的要求。首先，编码的速率必须适中，以确保在有限的移动信道带宽内能够高效传输。通常，纯编码速率应控制在 16kb/s 以下，以平衡传输效率和信道容量。其次，在给定的编码速率下，语音质量应尽可能达到最佳，即解码后的语音应高度保真，确保通信的清晰度和可懂度。再次，编解码的时延也需尽可能缩短，以减少通信过程中的延迟感。复次，编码技术还需具备良好的抗误码性能，以适应衰落信道的传输环境，确保在恶劣条件下仍能保持较好的语音质量。最后，算法的复杂程度需适中，既要保证编码效率，又要便于大规模电路集成，降低实现成本。

在实际应用中，语音编码主要分为波形编码、参量编码和混合编码三种类型。波形编码通过直接对时间域信号进行抽样、量化和编码，力求精确再现原始语音波形。然而，在频率受限的移动通信环境中，单纯的波形编码已难以满足需求。参量编码则通过提取语音信号的特征参量进行传输，虽然能实现低速率编码，但语音质量相对中等。线性预测编码（Linear Predictive Coding, LPC）及其改进型是参量编码的典型代表。混合编码则结合了波形编码和参量编码的优点，既保留了部分波形信息，又提取了语音特征参量，从而在较低的比特速率下实现了良好的语音质量。规则码激励长期预测编码就是一种高效的混合编码方案，特别适用于数字移动通信环境。

（2）信道编码与译码技术深入剖析

移动通信的信道作为无线传输的媒介，极易受到外界干扰和噪声的影响，导致信息在传输过程中出现错误或丢失。为了保障通信的可靠性和准确性，信道编码技术应运而生。其核心目标是以最少的监督码元为代价，有效检查和纠正接收信息流中的错误，从而大幅提升通信的可靠性。

信道编码的基本原理在于，按照既定的规则为信息码元增加一些冗余的监督码元，使得原本无规律的信息序列转变为具有某种规律性的数字序列。在这个数字序列中，信息码元与监督码元之间存在紧密的关联。接收端的译码器则利用这种已知的编码规则进行译码操作，通过检验接收到的数字序列是否符合既定的规律来发现并纠正其中的错误。

信道编码的分类方式多种多样，其中最常见的分类方法是从功能和结构规律两个维度进行划分。从功能角度来看，信道编码可以分为仅具有发现差错功能的检错码（如循环冗余校验 CRC、自动请求重发 ARQ 等）、具有自动纠正错误功能的纠错码（如 BCH 码、RS 码、卷积码、级联码、Turbo 码等）以及既具备检错又能纠错功能的混合码（如混合 ARQ 等）。而从结构和规律上来看，信道编码则可以分为线性码和非线性码两类。线性码是指其监督关系方程满足线性规律的信道编码；而非线性码则是指其监督关系方程不满足线性规律的信道编码。不同类型的信道编码各有其特点和适用场景，在实际应用中需根据具体需求进行选择和组合使用。

（3）调制技术的深入解析

调制技术，作为无线通信的核心环节，其目的在于使信号特性与信道特性实现最佳匹配。鉴于移动通信信道的独特性，包括带宽有限、干扰和噪声影响显著以及多径衰落等特征，调制方式的选择显得尤为重要。

移动通信信道的带宽限制主要由可用的频率资源和信道的传播特性决定。在有限的带宽内，如何高效利用频谱资源，成为调制技术需要解决的关键问题。同时，由于移动通信设备常处于复杂的电磁环境中，干扰和噪声对信号传输的影响不容忽视。因此，调制方式需具备强大的抗干扰能力，以确保信号的稳定传输。

多径衰落是移动通信中另一个需要克服的挑战。当信号通过多条路径传播时，由于路径长度的差异，信号到达接收端的时间、相位和幅度都会发生变化，导致信号衰落。为了应对这一挑战，调制方式需具备抗衰落能力，以确保信号在接收端能够准确还原。

在移动通信中，频率调制和相位调制因其能够在接收场强变动较大的情况下获得信噪比的改善，且技术成熟，而得到广泛应用。然而，频率调制也存在一些局限性，如接收机门限效应和占用带宽较大等。为了在有限的频谱资源内传输更优质的信息，窄带数字调制技术逐渐崭露头角。这种技术能够在保证信号质量的同时，有效降低信号占用的带宽，提高频谱利用率。

（4）分集技术与合并技术的全面剖析

分集技术，作为改善移动通信系统性能的重要手段，其核心在于如何利用多径信号来增强传输的可靠性。通过多条具有近似相等的平均信号强度和相互独立衰落特性的信号路径来传输相同信息，并在接收端对这些信号进行合并处理，可以显著降低多径衰落对信号传输的影响。

分集技术包括空间分集、时间分集、频率分集和角度分集等多种方法。空间分集通过接收端采用多副天线来接收来自不同路径的信号，利用天线之间的空间间隔确保各接收信号的衰落特性相互独立。时间分集则是将信号按一定时间间隔重复传送多次，只要时间间隔大于相干时间，就可以得到多条独立的分集支路。频率分集则是将信息在不同的载频上分别发射出去，通过保证载频间的频率间隔大于信道的相关带宽来确保各频率分集信号的独立性。角度分集则是利用电磁波通过不同路径以不同角度到达接收端的特点，通过多个方向性尖锐的接收天线分离出不同方向的信号。

在接收端，常用的合并技术有选择式合并、最大比值合并和等增益合并等。选择式合并是从多个接收信号中选出具有最高信噪比的信号作为输出信号，简单易行但性能略逊。最大比值合并则是将各分集支路的信号经过相位调整和增益调整后同相相加，再送入检测器进行检测，性能最优但实现复杂度较高。等增益合并则是将各支路的信号等增益相加，是最大比值合并的一种简化形式，性能介于两者之间。在实际应用中，应根据系统需求和实现复杂度选择合适的合并技术。

（三）移动通信网

1. 移动通信网的体制

（1）小容量的大区制移动通信网详解

大区制移动通信网，作为一种早期的移动通信网络部署方式，其特点是在一个相对较大的服务区域内（如整个城市或广阔地区）仅设立一个或少数几个基站。这些基站承担着与所有移动台进行通信联络和控制的重任。为了确保服务区域的广泛覆盖，基站的天线通常被架设在高耸的位置，同时发射机的输出功率也相对较大，一般可达200W左右。这样的配置使得基站的覆盖半径能够达到 30 ~ 50km，从而确保在大部分服务区域内，移动台都能接收到来自基站的信号。

然而，大区制也面临着一些固有的挑战。由于移动台的电池容量和发射机功率有限，当移动台距离基站较远时，虽然移动台能够接收到基站发来的下行信号，但基站可能无法接收到移动台发出的上行信号。这种通信不对称性问题，会严重影响通信的可靠性和稳定性。为了解决这个问题，大区制网络中通常会在服务区域内的适当位置设立分集接收站。这些接收站通过分集接收技术，能够更有效地捕捉和解析来自移动台的微弱信号，从而确保双向通信的质量。

此外，大区制还面临频率资源紧张的问题。为了避免相邻基站之间的同信道干扰，服务区内的所有信道频率都不能重复。这意味着，随着用户数量的增加，可用的信道数量将迅速耗尽，从而限制了网络的通信容量。因此，大区制主要适用于用户数较少、话务量不大的场景，如中小城市、工矿区以及专业部门等。

（2）大容量的小区制移动通信网深入剖析

小区制，也称为蜂窝系统，是现代移动通信网络的主流部署方式。其核心理念是将整个服务区划分为若干个小的无线小区，每个小区都设立一个基站来负责该区域内的移动通信联络和控制。同时，设置一个移动业务交换中心来统一协调这些基站的工作，确保移动用户能够在服务区域内的任何位置实现通信转接，并与市话用户保持联系。

小区制的最大优势在于其能够高效地利用有限的频谱资源。通过用多个小功率发射机代替单个大功率发射机，每个小区只覆盖一小片区域，从而实现了频谱的复用。这意味着，在相同的频谱资源下，小区制网络能够支持更多的用户，提供更大的通信容量。而且，随着用户数的不断增加，无线小区还可以进一步细分，形成微小区和微微小区，以满足不断增长的通信需求。

小区制网络的另一个重要特点是其组网灵活性。无线小区的范围可以根据实际用户数的多少进行动态调整，从而优化网络性能。此外，小区制还通过一系列技术手段来提高系统容量和减少干扰。例如，小区分裂技术可以将拥塞的小区分割成更小的小区，每个小区都有自己的基站和降低的天线高度及发射功率，从而提高了信道复用的次数和系统容量。小区扇形化技术则利用方向性天线来减少同信道干扰，进一步提高系统性能。

然而，小区制网络也面临着一些挑战。由于网络结构相对复杂，各无线小区的基站之间需要进行信息交换，这需要额外的交换设备和中继线路，增加了网络成本。同时，移动台在通话过程中从一个小区转移到另一个小区时，需要频繁地更换工作信道，这增加了切换信道的次数和控制交换功能的复杂性。因此，在确定无线小区范围时，需要综合考虑用户密度、业务量以及网络成本等因素，以确保网络的性能和经济效益达到最佳平衡。

2. 信道的配置与选取控制

（1）多信道共用技术的深入解析

在无线通信领域，一个无线小区内通常配备有多个信道，以满足用户的通信需求。用户占用这些信道的方式主要分为独立信道方式和多信道共用方式两种。

独立信道方式，顾名思义，就是将小区的 N 条信道分别固定分配给 N 组用户。每组用户只能在自己被指定的信道上工作，不能互换信道。即使移动用户具备多信道选择能力，也只能在规定的信道上通信。这种方式的缺点是显而易见的：当某个信道被占用时，其他属于该信道的用户即使有需要也无法使用该信道，导致信道利用率低下，部分信道可能长时间处于空闲状态，而另一些信道则可能因用户过多而"排队"。

相比之下，多信道共用方式则显得更为灵活和高效。在这种方式下，小区内的所有用户都可以共享 N 条信道。当部分信道被占用时，其他需要通话的用户可以自由选择剩余的空闲信道进行通信。由于用户选择和使用信道的时间是随机的，因此所有信道同时被占用的概率非常小。这种方式大大提高了信道的利用率，降低了用户通话的阻塞率，使得通信资源得到了更加合理的分配和利用。

（2）信道配置的精细策略

在移动通信网络中，基站通常采用多信道共用方式，以提供更大的通信容量和更好的服务质量。然而，为了实现这一目标，信道的配置必须遵循一定的规则，以避免各种可能的干扰。

对于大区制单基站的通信网而言，根据用户业务量的多少，需要设置若干个信道，并按照一定的规则进行配置。这些规则旨在确保信道之间的频率间隔足够大，以避免同频道干扰和邻道干扰。同时，还需要考虑信道的利用率和呼损率等因素，以确保网络的性能和稳定性。

对于小区制多基站的通信网而言，信道的配置要求更为严格。除了考虑上述因素外，还需要解决信道组的数目、每个小区的信道数目以及信道的频率指配等问题。这些问题直接关系到网络的容量、覆盖范围和通信质量等方面。

在信道分配方面，主要有固定信道分配法和动态信道分配法两种策略。

固定信道分配法是将某一组信道固定配置给某一基站，适用于移动业务分布相对固定的情况。这种方法的优点是控制简单，各基站只需配置与所分配的信道相应的设备。然而，当某个无线区的信道全忙时，即使邻区的信道空闲也无法使用，导致信道利用不充分。此外，当移动用户相对集中时，呼损率会显著提高。

为了克服固定信道分配法的缺陷，动态信道分配法应运而生。这种方法不是将信道固定地分配给某个无线区，而是允许多个无线区共享同一信道。每个无线区使用的信道数是不固定的，根据业务量的变化而动态调整。这种方式可以大大提高频率利用率，使信道的配置更加灵活和高效。同时，它还可以根据移动通信业务量地理分布的变化而自动调整信道分配，从而满足不断变化的通信需求。

3. 数字蜂窝移动通信的交换技术

（1）数字蜂窝移动通信呼叫建立过程

①移动台主呼流程的详细阐述

当移动台需要发起呼叫时，它首先会执行一个关键步骤：搜索并锁定一个专用的控制信道。这个控制信道是移动通信网络中用于传递控制信息、管理呼叫建立等关键任务的重要通道。移动台通过监听这个信道，可以了解当前网络的状态，包括哪些信道正在被使用，哪些信道处于空闲状态。

一旦移动台发现控制信道空闲，它就会利用这个时机，通过该信道向基站发送呼叫信号。这个呼叫信号包含了移动台自身的识别号码（用于唯一标识该移动台）、被呼用户的号码（移动台想要联系的用户）以及其他必要的控制信息。基站接收到这些信号后，会立即将其转送至移动控制交换中心，这是整个移动通信网络的核心节点，负责处理所有的呼叫请求和通信控制。

移动控制交换中心在收到呼叫信号后，会迅速进行识别和处理。它会根据当前的网络状况和用户状态，为移动台指配一个最合适的基站和空闲的信道。这些信息随后通过基站回传给移动台，告知其可以使用哪个基站和信道进行通信。

同时，为了确保通信的顺利进行，移动控制交换中心还会对基站的有线线路进行导通试验，以验证线路的质量和可用性。如果试验结果良好，那么就可以进行后续的交换处理，如连接被呼用户等。

如果被呼用户是同一移动局内的用户，那么交换处理会相对简单，直接通过移动网络内部进行连接即可。如果被呼用户是固定网用户，那么移动网络会接入固定网，通过固定网的交换设备进行连接，此时的处理流程与固定网的通话处理相似。

②移动台被呼流程的详尽说明

当移动控制交换中心收到针对某个移动台的呼叫请求时，它会首先进行识别并确认被呼用户当前是否处于通话状态。如果被呼用户当前未通话，那么交换中心就会在其控制范围内的所有基站上，通过专用控制信道同时发出呼叫信号。这个呼叫信号包含了被呼移动台的识别号码和信道指配代号等关键信息，用于告知移动台有呼叫正在等待。

由于移动台可能处于不同的位置，且可能由于各种情况（如信号屏蔽、设备故障等）暂时无法接收到呼叫信号，因此基站会在一段时间内多次重复发送此呼叫信号，以确保移动台能够接收到。

对于处于待机状态的移动台来说，它会一直锁定在专用控制信道上，以便随时接收来自基站的呼叫信号。当移动台收到呼叫信号后，它会立即进行判别，判断这个呼叫是不是针对自己的。如果判定为呼叫本机，那么移动台就会发出应答信号，并按照指配的信道转入语音通信模式。

交换控制中心在收到某一基站转来的应答信号后，会立即停止发送呼叫信号，并接通线路，开始计费流程。如果被呼用户多次呼叫仍无应答，那么交换控制中心会判断可能是用户离开了本服务区、设备未开机或其他情况导致的无法接通。此时，它会通知主呼用户此次呼叫失败，无法建立通信连接。

③位置登记机制的详细解析

为了有效地管理移动用户的位置信息，避免进行无效的呼叫尝试，移动通信网络引入了位置登记机制。整个业务区被划分为若干个位置登记区，每个用户都会在其所在的位置登记区进行登记，这个区域就被称为该用户的归属区。

每个位置登记区都会在其专用控制信道中发出地区识别号，这是用于标识该区域的唯一标识。移动台也存储有其归属区的识别号，以便在需要时进行比对。

当移动台进入一个新的基站控制区时，它会首先检测基站发出的地区识别号，并与本机存储的地区识别号进行比对。如果发现自己已经越区（进入了不同的位置登记区），那么移动台会立即向基站发出位置登记信号。这个信号包含了移动台的识别号码和归属区识别号码等关键信息。

基站收到位置登记信号后，会将其转送至控制交换中心。控制交换中心在收到信号后，会在其存储器中更新该移动台的位置信息，并通知移动台，也更新其存储的地区识别号。这样，网络就能实时掌握移动台的位置信息，为后续的呼叫处理提供准确的依据。

④通话过程中越区信道切换的详细流程

在移动通信中，由于用户是移动的，因此可能会遇到越区通信的情况。为了确保通话的连续性和稳定性，移动通信网络引入了越区信道切换机制。

在通话过程中，基站会不断对移动台的通话信道进行监测。当移动台逐渐接近某个无线小区的边缘时，基站会检测到接收电平下降的情况。这时，基站会立即上报给移动交换控制中心，告知其当前的情况。

移动交换控制中心在收到报告后，会立即指令周围的基站开始检测该移动台信号的接收电平，并将检测结果上报。通过比较各个基站的接收电平，移动交换控制中心能够判定哪个基站接收到的信号最强，从而确定移动台即将进入的小区。

接下来，移动交换控制中心会随机选取该小区内的一个空闲无线信道，并进行线路质量测试。如果测试结果显示线路良好，那么移动交换控制中心就会指令移动台从原小区的无线语音信道切换到新小区的无线语音信道进行通信。同时，原小区的通话信道会被切断并转为空闲信道，而新小区的指配信道则供移动用户使用。

整个越区信道切换过程是在移动台用户没有觉察的情况下完成的，不会对用户的正常通话造成任何影响。这样，即使移动台在通话过程中跨越了不同的小区，也能确保通话的连续性和稳定性。

（2）越区切换

越区切换是移动通信系统中一个至关重要的过程，它确保了移动台在跨越不同基站覆盖区域时能够保持连续的通信。这一过程不仅涉及通信链路的平滑

转移，还关系到网络资源的优化利用以及用户通信体验的提升。下面将对越区
切换的准则和控制策略进行更为详尽的阐述。

①越区切换的准则

越区切换的准则决定了何时以及如何进行切换，以确保通信的连续性和稳
定性。以下是四种常用的切换准则的详细解释：

A. 相对信号强度准则：此准则基于移动台接收到的各基站信号强度进行
选择，始终连接信号最强的基站。然而，这种策略可能导致频繁的切换，因为
信号强度可能因微小变化而波动，从而引发不必要的越区切换，增加网络负担
和用户感知的切换次数。

B. 具有门限规定的相对信号强度准则：为了减少不必要的切换，此准则
引入了门限值。只有当当前基站的信号强度低于某一设定门限，并且新基站的
信号强度高于当前基站时，才执行切换。这种策略有效平衡了切换频率和通信
质量之间的关系。

C. 具有滞后余量的相对信号强度准则：为了进一步避免"乒乓效应"，即
移动台在两个基站间频繁切换，此准则要求新基站的信号强度必须比当前基站
高出一定的滞后余量。这种策略提高了切换的稳定性，减少了信号波动导致的
重复切换。

D. 具有滞后余量和门限规定的相对信号强度准则：这是上述准则的综合
应用，既考虑了门限值，又引入了滞后余量。只有当当前基站信号强度低于门
限，并且新基站信号强度高于当前基站且满足滞后余量要求时，才进行切换。
这种策略在保证切换稳定性的同时，也确保了通信质量的持续优化。

②越区切换的控制策略

越区切换的控制策略是确保切换过程顺利进行的关键。以下是三种主要控
制策略的详细分析：

A. 移动台控制的越区切换：在这种策略中，移动台承担主要责任，通过
连续监测周围基站的信号强度和质量，自主决定何时进行切换。当满足切换准
则时，移动台选择最佳候选基站并发送切换请求。这种策略的优点是响应迅
速，但可能增加移动台的能耗和复杂度。

B. 网络控制的越区切换：与网络控制的越区切换不同，这种策略中网络
起主导作用。基站监测移动台的信号强度和质量，当信号强度低于门限时，网
络开始安排切换。网络要求所有相关基站参与监测，并根据测量结果选择新基
站。这种策略的优点是网络能够全局优化资源分配，但可能增加网络负担和切
换时延。

C. 移动台辅助的越区切换：这种策略结合了移动台和网络的优势。网络

要求移动台测量周围基站的信号质量并报告给当前基站。网络根据这些信息决定何时进行切换以及切换到哪个基站。这种策略既利用了移动台的测量能力，又发挥了网络在资源分配上的优势，实现了切换过程的高效和准确。

越区切换的准则和控制策略是移动通信系统中不可或缺的重要组成部分。通过合理的准则制定和策略选择，可以确保移动台在跨越不同基站覆盖区域时能够保持连续的通信，提升用户体验和网络性能。

二、现代数字微波通信技术

（一）数字微波通信概述

1. 微波通信概念

（1）微波的频率及其特性详解

微波，这一概念涵盖了频率在 300MHz 至 300GHz（对应波长为 1mm 至 1m）的电磁波范畴。在这个宽广的频段内，我们根据波长的不同，又将其细分为分米波、厘米波以及毫米波，它们共同构成了微波的家族。微波，作为电磁波的一种，与光波在本质上相同，都是由不断变化的电场与磁场交织而成，只是它们各自占据的频段有所差异。

微波的各个波段因其独特的传播特性而被广泛应用于不同类型的通信系统中。以中波为例，它主要沿着地面进行传播，拥有出色的绕射能力，这使得它成为广播和海上通信的理想选择。而短波则因其强烈的电离层反射能力，在环球通信中发挥着重要作用。相比之下，超短波和微波的绕射能力相对较弱，但它们却非常适合于视距或超视距的中继通信，尤其是在需要高速、大容量数据传输的场景中。

（2）微波通信的深入剖析

微波通信，顾名思义，就是利用微波这一特定频段的电磁波作为信息的传输媒介。由于微波的传播特性与光波相似，主要沿直线传播，因此，在建立微波通信链路时，通常要求两个通信点之间保持无遮挡的视线距离，这也被称为视距通信。然而，在实际应用中，我们往往需要在超视距的两个或多个点之间建立通信连接。为了解决这一问题，我们可以采用中继的方式，通过设立多个微波接力站来延长通信距离，或者利用对流层的散射效应以及卫星来实现微波信号的中继传输。

微波通信不仅仅是一种简单的信号传输方式，它更是现代通信技术中的重要组成部分。在微波通信中，微波被用作信号的载体，类似于光纤通信中光的作用。数字微波通信则是利用微波频段的电磁波来传输数字信息，这种通信方式在现代通信网络中扮演着举足轻重的角色。值得注意的是，尽管微波信道与光纤信道在传输特性上存在差异，但它们在信号传输的基本原理上是相通的。

（3）微波通信的常用频段及选择依据

微波频段不仅频率高，而且范围宽广，这为微波通信提供了丰富的频谱资源。在微波通信的实际应用中，所使用的频率范围通常集中在 1 ~ 40GHz。这一频段的选择并非随意，而是基于多方面的考虑。首先，这个频段内的电磁波具有适中的波长和穿透力，既能够确保信号的稳定传输，又能够减少对周围环境的干扰。其次，随着通信技术的不断发展，这个频段内的频谱资源得到了有效的开发和利用，形成了完善的通信标准和设备体系。最后，这个频段还具有良好的兼容性和可扩展性，能够满足未来通信技术的升级和扩展需求。因此，在微波通信中，选择 1 ~ 40GHz 作为常用频段是科学合理的。

2. 数字微波通信的特点及应用

（1）微波通信的主要特点

微波通信作为现代通信的重要手段之一，具有一系列显著的特点，这些特点使得微波通信在特定场景下具有不可替代的优势。

①微波频段频带宽，传输容量大

微波频段覆盖了分米波、厘米波和毫米波三个波段，总带宽近 300GHz，这为微波通信提供了巨大的传输容量。相比其他频段，微波通信能够承载更多的信息，满足大容量、高速率的数据传输需求。

②适于传输宽频带信号

微波通信的载频高，使得在相同的相对通频带下，其通频带更宽。例如，当相对通频带为 1% 时，载频为 4MHz 的通信设备的通频带仅为 40kHz，而载频为 4GHz 的微波通信设备的通频带则可达 40MHz。这种宽频带特性使得微波通信能够同时传输大量的信息，如语音、视频、数据等，且互不干扰。

③天线的增益高，方向性强

微波的波长很短，这使得制作高增益天线成为可能。同时，微波频段的电磁波具有近似光波的特性，可以聚集成很窄的波束，形成极强的方向性。这种特性使得微波通信在传输过程中能够减少信号的散失和干扰，提高通信的可靠性和稳定性。

④外界干扰小，通信线路稳定

微波频段频率较高，不易受到天电干扰、工业噪声和太阳黑子变化等外界因素的影响。这使得微波通信在恶劣环境下仍能保持稳定的通信质量。此外，微波通信还具有良好的抗灾性能，对于水灾、风灾、地震等自然灾害具有较强的抵御能力。

⑤采用中继传输方式，实现远距离通信

由于微波波段的电磁波在自由空间传播时是直线传播的，且绕射能力很弱，因此其通信距离受到限制。为了突破这一限制，微波通信通常采用中继传输方式，在视距传输的极限距离之内设立中继站，将信号一站一站地传输下去。这种方式虽然增加了设备的复杂性和成本，但有效延长了通信距离，满足了远距离通信的需求。

（2）数字信号微波传输的主要特点

数字微波通信结合了数字通信和微波通信的优点，具有一系列独有的特点。

首先，由于传输的是数字信号，数字微波通信系统具有极强的抗干扰能力。线路噪声在数字信号传输过程中不会积累，而是被有效地滤除或纠正，从而保证了通信的清晰度和准确性。

其次，数字微波通信便于加密和保密。通过采用先进的加密技术，可以确保传输的信息不被非法截获或篡改，保护用户的隐私和数据安全。

最后，数字微波通信的终端设备采用大规模集成电路技术，使得设备体积小巧、重量轻、功率低。这不仅降低了设备的成本和能耗，还提高了设备的可靠性和稳定性。

（3）数字微波通信系统的应用

数字微波通信系统凭借其组网灵活、建设周期短、成本低等优点，在多个领域得到了广泛应用。

首先，在干线光纤传输系统中，数字微波通信常作为备份和补充手段。当光纤传输系统遇到自然灾害或其他原因导致中断时，数字微波通信可以迅速恢复通信连接，确保信息的畅通无阻。同时，在一些不适合使用光纤的地段和场合，数字微波通信也可以作为主要的传输手段。

其次，在农村、海岛等边远地区和专用通信网中，数字微波通信为用户提供了基本业务的接入服务。通过点对点或点对多点的传输方式，数字微波通信能够覆盖这些地区，满足用户的通信需求。

再次，在城市内的短距离支线连接中，数字微波通信也发挥着重要作用。例如，移动通信基站之间、基站控制器与基站之间的互联、局域网之间的无线联网等场景都可以采用数字微波通信来实现高效、稳定的通信连接。

最后，在宽带无线接入领域，数字微波通信也展现出了强大的竞争力。以本地多点分配业务为代表的宽带无线接入技术，能够在较短的范围内提供高速的数据传输服务，满足用户对宽带交互式数据及多媒体业务的需求。与光纤等有线接入手段相比，本地多点分配业务具有建设成本低、项目启动快、建设周期短、维护费用低等诸多优势，因此在接入市场中具有较强的竞争力。

（二）微波传输特性

1. 自由空间的电波传播特性详解

微波，因其传输特性与光波相似，在传播路径上若无阻挡物，其绕射现象几乎可以忽略，从而确保了稳定的视距传播。与那些依赖电磁波的绕射、对流层或电离层散射以实现超视距传播的通信方式相比，视距微波通信展现出更为稳定的传播特性和较低的外界干扰水平。

为了更便捷地计算电波的传播情况，我们通常将微波在大气中的传播环境简化为自由空间。这里的"自由空间"指的是一个充满理想介质、无限延伸且无任何阻挡、反射、折射、绕射、散射和吸收现象的空间。在这样的空间里，电波的传播仅受扩散影响而导致能量衰减，这种衰减被称为自由空间传输损耗。这种简化模型为我们理解和分析微波传播提供了极大的便利。

2. 微波天线核心特性剖析

天线，作为无线电通信中发射和接收电磁波的关键设备，其性能直接影响着通信质量。无线电发射机输出的射频信号功率通过馈线（电缆）被输送至天线，进而以电磁波的形式辐射出去。当电磁波抵达接收地点时，天线会捕捉其中的一小部分功率，并通过馈线将其传送至无线电接收机。

（1）天线方向性的深入解读

发射天线承担着两大基本职能：一是将从馈线获取的能量向四周空间辐射；二是确保大部分能量能够朝着所需的方向精准辐射。根据天线的方向性特征，我们可以将其划分为全向天线和方向性（或定向）天线两大类别。全向天线在水平方向图上呈现出 360° 的均匀辐射特性，即无方向性；而在垂直方向图上，则表现为具有一定宽度的波束。一般而言，波瓣宽度越窄，天线的增益就越大。定向天线则在水平方向图上展现出特定角度范围内的辐射特性，即具有明确的方向性；在垂直方向图上，它同样表现为具有一定宽度的波束，且波瓣宽度与增益之间的关系与全向天线相似。

（2）波瓣宽度的详细阐释

方向图通常包含两个或多个波瓣，其中辐射强度最大的被称为主瓣，其余的则被称为副瓣或旁瓣。在主瓣最大方向角的两侧，当辐射强度降低至 3dB 时，两点间的夹角被定义为波瓣宽度（又称波束宽度、主瓣宽度或半功率角）。波瓣宽度的狭窄程度直接决定了天线的方向性优劣、作用距离远近以及抗干扰能力的强弱。

（3）天线增益的深入剖析

天线增益，指的是在输入功率相等的条件下，实际天线与理想的球型辐射单元在空间同一点处所产生的信号功率密度之比。它直观地反映了天线将输入功率集中辐射的程度。增益与天线方向图紧密相连，方向图主瓣越狭窄、副瓣越小，天线的增益就越高。从物理意义上理解，增益表示了在相同距离上某点产生相同大小信号所需发送信号的功率比。表征天线增益的参数为 dBi，它是相对于在各方向辐射均匀的点源天线的增益而言的。

（4）天线极化的全面解读

天线的极化，指的是天线在辐射时形成的电场强度方向。当电场强度方向垂直地面时，我们称之为垂直极化波；而当电场强度方向平行于地面时，则称为水平极化波。电波的特性决定了水平极化传播的信号在贴近地面时会在大地表面产生极化电流，这些极化电流因受大地阻抗的影响而产生热能，导致电场信号迅速衰减。相比之下，垂直极化方式则不易产生极化电流，从而有效避免了能量的大幅衰减，确保了信号的有效传播。

三、卫星通信技术

（一）卫星通信原理

1. 概述

（1）卫星通信基本概念

卫星通信，作为一种高度现代化的通信手段，其核心在于利用人造地球卫星作为中继站，实现无线电信号的转发与传输。这一技术使得两个或多个地理位置相隔甚远的地面站能够建立起通信联系。卫星的无线波束广泛覆盖各个通信站所在区域，而各通信站的天线则精准指向卫星，从而确保信息能够准确无误地通过卫星进行转发与接收。

值得注意的是，卫星通信所使用的频率主要位于微波频段，这使得卫星通信在本质上可以被视为一种特殊的微波通信方式。在通信过程中，中继站的角色由通信卫星担当，而地面上的设备则被称为地球站。地球站之间的信息互通，完全依赖在太空中遨游的卫星来转发与传递。显然，卫星通信所依赖的信息载体仍然是无线电波，这些电波在自由空间中传播，实现了信息的远距离传递。

卫星通信的兴起，是空间技术与微波通信技术相互融合、共同发展的产物。通过人造地球卫星这一中继站，微波信号得以在远距离的两个或多个地球站之间传输。不仅如此，卫星通信还能满足高质量电视、高速数据以及传真等多种通信需求，为现代社会的信息化发展提供了有力支撑。

历经半个多世纪的洗礼，卫星通信已经发展成为一种不可或缺的远距离通信方式。在国际通信、国内通信、国防通信以及广播电视等多个领域，卫星通信都发挥着举足轻重的作用。特别是在那些通信基础设施薄弱、人口稀少、地理环境恶劣的地区，如边远山区、沙漠地带、江河湖泊以及海岛等，卫星通信以其独特的优势，成为其他通信手段难以替代的重要选择。

（2）卫星通信的工作频段与通信卫星的分类

卫星通信之所以选择微波频段作为工作频段，主要得益于微波频率能够轻松穿透电离层，确保信号在太空中的稳定传输。在微波频段中，0.3～10GHz这一范围被视为"无线电窗口"，因为在此频段内电波损耗最小，非常适合电磁波穿出大气层进行传播。因此，这一频段在卫星通信中得到了广泛应用。

除了上述"无线电窗口"外，30GHz附近也存在一个电波损耗相对较小的频段，常被称为"半透明无线电窗口"。这一频段虽然不如0.3～10GHz频段那样理想，但在某些特定应用场景下，也能为卫星通信提供有效的支持。

接下来，我们来看看通信卫星的分类。通信卫星作为卫星通信系统的核心组件，其分类方式多种多样。

①按卫星离地面的高度划分，我们可以将通信卫星分为低轨道卫星（轨道高度小于1000km）、中轨道卫星（轨道高度在10000～15000km）以及高轨道卫星（轨道高度大于20000km）。不同高度的卫星，其覆盖范围、传输时延以及建设成本等都会有所差异。

②按照结构的不同，通信卫星又可以分为无源卫星和有源卫星。无源卫星仅对接收到的信号进行简单的转发，而不进行任何处理；而有源卫星则装备有电子设备，能够对地球站发送过来的信号进行放大、处理等操作，然后将其返送回其他地球站。这种有增益的、能够对信号进行处理的中继站，就是所谓的有源卫星。

③按卫星的运转与地球自转是否同步来划分，通信卫星又可以分为静止卫星（同步卫星）和运动卫星（非同步卫星）。静止卫星的运行轨道位于赤道平面内，高度大约为35800km，其运动方向与地球自转方向相同，公转周期与地

球自转周期相等。因此，从地球上看，静止卫星仿佛静止不动，故得名"静止卫星"或"同步卫星"。利用静止卫星组成的通信系统，称为静止卫星通信系统或同步卫星通信系统。而运动卫星的运行周期则不等于地球自转周期，其轨道倾角、轨道高度以及轨道形状都会因实际需求而有所不同。从地球上看，这种卫星以一定的速度在运动，因此也被称为"运动卫星"或"非同步卫星"。

2. 卫星运动的轨道及其影响因素

人造地球卫星在浩瀚的太空中遨游，其运动状态受到多种因素的影响，包括太阳、月亮的引力作用，外层大气的阻力，以及宇宙中的其他微小力等。然而，在这些因素中，最为关键且起主导作用的还是地球对卫星的重力吸引。正是这股强大的引力，使得卫星能够保持在高空轨道上稳定运行，而不会因地球表面的引力而坠落。为了实现卫星绕地球做稳定的圆周运动，我们需要确保卫星的飞行速度恰到好处，使得由速度产生的离心力与地球对卫星的引力达到平衡状态。

为了更深入地理解卫星的运动规律，我们可以将问题简化，将地球和卫星分别看作两个质点，仅考虑它们之间的重力作用。这样，我们就可以通过物理学中的基本原理，如牛顿的万有引力定律和圆周运动的理论，来推导和分析卫星的运动轨迹和速度等参数。

（二）卫星通信的组成及部分功能解析

卫星通信作为一种先进的通信方式，其系统组成复杂且功能强大。下面我们将对卫星通信的空间段进行详细的剖析。

1. 空间段的核心——通信卫星

空间段主要由一颗或多颗通信卫星组成，它们是卫星通信系统的核心部分。这些卫星在空中扮演着中继站的角色，负责接收、放大、转发来自地面的信号。每颗通信卫星都精心设计了多个分系统，以确保其能够高效、稳定地工作。

（1）天线分系统

天线分系统是卫星与外界进行通信的重要接口。考虑到卫星的特殊环境，天线需要满足体积小、重量轻、馈电方便、易于折叠和展开等要求。天线的工作原理和外形设计与地面天线相似，但更加紧凑和高效。

卫星天线主要分为遥测指令天线和通信天线两类。遥测指令天线通常采用全向设计，以便在卫星发射、入轨及后续操作中与地面控制站进行可靠的通信。而通信天线则是卫星上最为关键的部分之一，它负责将微波信号定向发射到地球站，确保通信的顺利进行。根据波束宽度的不同，微波天线可以分为全球波束、点波束和区域波束三种类型，以满足不同通信需求。

（2）通信分系统

通信分系统是卫星通信的核心部分，它负责接收、处理并重发信号。转发器作为通信分系统的核心组件，其性能直接影响到通信的质量和效率。转发器需要具备低噪声、低失真、宽频带和高输出功率等特点，以确保信号能够高效、准确地传输。

转发器通常分为透明转发器和处理转发器两种类型。透明转发器主要对信号进行低噪声放大、变频和功率放大等处理，而不改变信号的内容。而处理转发器则具备更强的信号处理能力，可以对数字信号进行解调再生、波束间信号交换以及更高级的信号变换和处理。

（3）电源分系统

电源分系统为卫星提供持续、稳定的电能供应。考虑到卫星的体积、重量以及长期运行的需求，电源系统需要具备高效、可靠、持久的特点。目前，通信卫星主要采用太阳能电池、化学电池和原子能电池等作为电源。太阳能电池在光照条件下为卫星提供电能，而化学电池和原子能电池则作为备用电源，在太阳能电池无法工作时为卫星供电。

（4）跟踪、遥测与指令分系统

跟踪、遥测与指令分系统负责监控卫星的状态、接收地面指令并控制卫星的运行。它主要由遥测设备和指令设备两部分组成。遥测设备通过传感器和敏感元件实时监测卫星的姿态、温度、工作状态等参数，并将这些数据发送回地面进行分析和处理。而指令设备则负责接收地面的控制指令，经过解调、译码后控制卫星的执行机构完成相应的动作。

（5）控制分系统

控制分系统是卫星的指挥中心，它负责根据地面指令和卫星自身状态对卫星的姿态、轨道位置、各分系统工作状态等进行必要的调节与控制。控制分系统由一系列精密的机械和电子调整装置组成，如喷气推进器、驱动装置、加热及散热装置等。在指令分系统的控制下，这些装置能够精确地完成对卫星的各项调整任务，确保卫星能够稳定、高效地运行。

2. 地面段

地面段作为卫星通信系统的重要组成部分，承载着将用户信号接入卫星网络并实现信息传输的重任。它主要由一系列精心设计的地球站构成，这些地球站不仅负责信号的接收与发送，还通过地面网络将信息传递给终端用户设备，确保了卫星通信系统的全面覆盖与高效运行。

地球站，作为地面段的核心节点，其结构复杂且功能完备，通常由六大关键系统组成：天线系统、发射系统、接收系统、通信控制系统、终端系统以及电源系统。这六大系统各司其职，紧密协作，共同支撑起地球站的高效运转。

首先，地球站通过地面网络或直接从用户处接收信号。这些信号可能来自各种终端设备，如手机等，它们通过有线或无线方式接入地球站的接口。接口部分负责信号的初步处理与格式转换，确保信号能够顺利进入地球站的内部处理流程。

其次，信号被送入基带处理器。基带处理器是地球站中的关键部件，它负责将接收到的信号进行变换，使其符合卫星线路传输的要求。这一过程中，信号会经过编码、调制等处理，以确保在卫星传输过程中的稳定性和可靠性。经过基带处理器的精心处理，信号被转化为适合卫星传输的基带信号，为后续的发射过程做好了准备。

再次，这些基带信号被送入发射系统。发射系统由调制器、变频器、射频功率放大器等组成，它们共同协作，将基带信号转化为射频信号，并进行功率放大，以确保信号能够足够强大地发射出去。调制器负责将基带信号转化为适合传输的射频信号，变频器则根据需要将信号调整到适当的频率段，而射频功率放大器则负责将信号的功率放大到足以穿透大气层、到达卫星的水平。

当天线系统接收到来自卫星的射频信号时，接收系统的工作便开始了。首先，低噪声放大器会对接收到的微弱信号进行放大，以确保后续处理的准确性。然后，下变换器将射频信号变换到中频，以便进行进一步的解调处理。解调器负责从射频信号中提取出原始的信息信号，再经过基带处理器的处理，最终将信息通过接口传递给地面网络或终端用户设备。

通信控制系统在整个地球站的运行中发挥着至关重要的作用。它负责监视、测量地球站的工作状态，确保各个系统都在正常范围内运行。一旦检测到异常情况，控制系统会迅速进行自动转换或调整，以确保地球站的持续稳定运行。同时，控制系统还负责构建勤务联络，确保地球站与卫星、地面网络以及终端用户之间的通信畅通无阻。

最后，电源系统为地球站提供了稳定的电力支持。无论是天线系统的转动、发射系统的功率放大，还是接收系统的信号处理，都离不开电源系统的可靠供电。因此，电源系统的设计与维护对于地球站的正常运行至关重要。

地球站作为卫星通信系统的地面段核心节点，其结构复杂且功能强大。通过六大系统的紧密协作与高效运行，地球站实现了信号的接收、处理、发射与传输，为卫星通信系统的全面覆盖与高效运行提供了坚实的保障。

第二节　信号与信息处理技术原理

一、数字信号及其处理

（一）数字通信的显著优势

1. 抗干扰能力强、无噪声积累

在模拟通信系统中，信号在传输过程中会因衰减而需要不断放大，但这一过程中，噪声也会被同时放大，导致信噪比逐渐降低，传输质量随之恶化。特别是在长距离传输时，噪声积累问题尤为突出。然而，在数字通信中，由于数字信号仅取有限个离散值（如 0 和 1），即使传输过程中受到噪声干扰，也能在接收端通过判决再生技术，恢复出与原发送端完全相同的无噪声数字信号。这一特性使得数字通信在长距离、高质量传输方面具有显著优势。

此外，数字通信还通过纠错编码等技术进一步增强抗干扰能力。纠错编码能在发送端对数字信号进行编码，使接收端在接收到带有一定错误的信号时，仍能通过解码恢复出原始信号，从而进一步提高通信的可靠性。

2. 便于加密处理，提升安全性

随着信息化时代的到来，信息传输的安全性和保密性变得越发重要。数字信号由于其离散性和易于处理的特点，使得加密处理变得相对简单且高效。通过数字逻辑运算，可以轻松实现数字信号的加密和解密，从而确保信息在传输过程中的安全性。相比之下，模拟信号的加密处理则相对复杂且效果不佳。

3. 便于存储、处理和交换，实现自动化、智能化管理

数字信号与计算机所用信号一致，均为二进制代码，这使得数字通信与计算机系统的集成变得异常简单。通过计算机，可以对数字信号进行存储、处理和交换，实现通信网的自动化、智能化管理。这种集成性不仅提高了通信效率，还降低了管理成本，为现代通信网络的快速发展提供了有力支撑。

4. 设备便于集成化、微型化，降低功耗和成本

数字通信采用时分多路复用技术，无须体积庞大的滤波器，使得设备体积大大减小。同时，数字电路的大规模或超大规模集成化技术使得设备功耗降低、成本下降。这些特点使得数字通信设备在便携性、节能性方面表现出色，满足了现代通信对设备小型化、低功耗的需求。

（二）模拟信号的数字化过程详解

1. 采样：时间离散化处理

采样是模拟信号数字化的第一步。它通过在一定的时间间隔内抽取信号的瞬时幅度值，将模拟信号在时间上离散化。采样频率的选择至关重要，它决定了数字化后信号的保真度和信息量。采样频率越高，数字化后的信号越能准确地反映原始模拟信号的特性。

2. 量化：幅度离散化处理

量化是模拟信号数字化的第二步。在采样后，每个样值的幅度仍然是一个连续的模拟量。量化过程就是将这些连续的幅度值转换为有限个离散的幅度值，即量化电平。量化误差是量化过程中不可避免的一部分，但它可以通过选择合适的量化位数和量化算法来最小化。

3. 编码：数字信号的形成

编码是模拟信号数字化的最后一步。在采样和量化后，信号变成了一串幅度分级的脉冲信号。这些脉冲信号的包络代表了原始模拟信号的波形。然而，这串脉冲信号本身还不是真正的数字信号。编码过程就是将这串脉冲信号转换为数字编码脉冲，即二进制或其他进制的数字信号。最简单的编码方式是二进制编码，它通过将每个量化电平映射到一个唯一的二进制数来实现数字化。通过编码，模拟信号最终被转换为计算机能够识别和处理的数字信号。

（三）数字信号处理系统的深入解析

在实际应用场景中，我们接触到的信号大多为模拟信号，例如声音、图像等。为了利用数字信号处理系统的强大处理能力，我们需先将这些模拟信号转换为数字信号，在数字域中进行高效处理，然后将处理后的数字信号转换回模拟信号，以满足实际应用需求。

1. 抗混叠滤波器：守护信号纯净的哨兵

抗混叠滤波器在模拟信号数字化过程中扮演着至关重要的角色。它的主要任务是滤除模拟信号中的高频杂波，特别是那些频率高于采样频率一半的成分。这些高频成分在采样过程中可能会引发频率混叠，导致数字化后的信号失真。因此，在采样之前，通过低通滤波器将这些高频成分有效滤除，是确保数字化信号质量的关键步骤。

2. A－D 转换器：模拟与数字的桥梁

A－D 转换器，即模－数转换器，是模拟信号与数字信号之间的桥梁。它负责将连续的模拟信号转换为离散的数字信号，使得这些信号能够被数字设备和计算机所处理。A－D 转换器的性能直接影响到数字化信号的精度和动态范围，因此，在选择和使用 A－D 转换器时，需要充分考虑其分辨率、转换速度、噪声抑制能力等关键指标。

3. D－A 转换器：数字世界的回声

D－A 转换器是将数字信号转换回模拟信号的必备工具。在数字信号处理完成后，我们往往需要将处理结果以模拟信号的形式输出，以便与现实世界进行交互。D－A 转换器通过精确控制输出信号的幅度和频率，确保数字化处理后的信号能够准确地还原为原始的模拟信号。

4. 平滑滤波器：打磨数字世界的棱角

平滑滤波器在 D－A 转换过程中发挥着重要作用。由于 D－A 转换过程中可能会产生一些不期望的毛刺或噪声，平滑滤波器通过滤波处理，将这些毛刺和噪声有效滤除，信号的波形变得更加平滑和连续。这不仅有助于提升信号的质量，还能减少后续处理中的误差和干扰。

二、文本信息处理：文本分类的奥秘

（一）文本分类：从混沌到有序

文本分类是一种将待定文本归类到预定义类别中的技术。它通过分析待定文本的特征，并与已知类别中文本的特征进行比较，从而确定待定文本的归属类别，并赋予相应的分类号。

文本分类的过程通常包括以下几个关键步骤：

1. 文本预处理：构建文本的数字表示

在进行文本分类之前，首先需要对原始文本数据进行预处理，将其转换为计算机能够理解和处理的数字形式。目前，存在多种文本表示模型，其中向量空间模型因其强大的可计算性和可操作性而得到广泛应用。在该模型中，文本被表示为一个多维空间中的点，每个维度对应一个特征词，点的坐标则代表该特征词在文本中的权重。这种表示方法不仅便于计算，还能有效捕捉文本之间的相似性和差异性。

通过文本预处理，我们可以将原始文本数据转换为向量空间中的点，为后续的特征提取和分类算法提供坚实的基础。这一步骤是文本分类过程中不可或缺的一环，也是确保分类结果准确性和可靠性的关键。

对于基于向量空间模型的文本预处理，主要由四个步骤来完成：中文分词、去除停用词、文本特征提取和文本表示。

（1）中文分词

中文分词，作为文本分析的起始步骤，其重要性不言而喻。它是后续文本处理与理解的基础，为文本的进一步挖掘提供了可能。当前，中文分词技术已日趋成熟，形成了多种高效且精准的分词方法。其中，基于字符串匹配的分词技术，通过预先设定的词典与文本进行匹配，实现快速分词；基于理解的分词技术，则借助人工智能与语义分析，对文本进行深度解读，从而更准确地划分词汇；基于统计的分词技术，则依据词汇在文本中的出现频率与分布规律，进行科学合理的分词；而基于多层隐马尔可夫模型的分词技术，更是将分词过程视为一个动态的优化问题，通过模型的不断学习与调整，实现分词效果的最大化。

（2）去除停用词

停用词，作为文本中的"噪音"，其存在往往干扰了文本的真实意图与核心信息。因此，在文本分词之后，去除停用词成了必不可少的步骤。通过构建停用词表，我们可以将那些高频但无实际意义的词语（如"的""了""我们"等）进行过滤，从而净化文本，提高后续文本处理的效率与准确性。这一过程不仅有助于减少文本表示的维度，还能使文本的分类效果更加显著。

（3）文本特征提取

文本特征提取，是文本分类中的关键环节。在去除停用词后，面对海量的词汇信息，如何有效提取出对文本分类具有决定性作用的特征项，成了亟待解决的问题。特征项的选择需遵循一定的原则，既要能够准确反映文本内容，又要具备区分不同文本的能力，同时数量不宜过多，且易于分离。在中文文本中，词因其较强的表达能力与适中的切分难度，成为特征项的首选。通过计算特征项的权重，我们可以进一步筛选出对文本分类贡献最大的特征词，为文本的向量表示与分类提供有力支持。

（4）文本表示

文本表示是文本分类的基础，而向量空间模型则是文本表示的主流方法。在该模型中，文本被表示为一个由特征词构成的向量，每个特征词对应一个维度，其权重反映了该词在文本中的重要性。为了更准确地表示文本，我们需要不断优化向量空间模型。从最初的 0、1 表示法到词频表示法，再到 TF – IDF 等更精细的权重计算方法，文本表示的精度与效率得到了显著提升。这些优化措施不仅降低了向量空间的维度，还提高了文本分类的准确性与效率。

2. 文本特征提取的深入剖析与策略优化

文本特征提取是文本分类中的核心环节，其质量直接影响分类效果。为了更准确地提取特征，我们需要综合考虑特征项的特性与文本分类的需求。在中文文本中，词因其独特的表达能力与切分优势，成为特征项的首选。然而，并非所有词汇都适合作为特征项。我们需要根据特征评估函数计算各词汇的评分值，选取评分最高的若干词汇作为特征词。这一过程不仅有助于减少特征向量的维度，还能提高文本分类的准确性与效率。同时，我们还需要不断探索新的特征提取策略与方法，以满足日益复杂的文本分类需求。

3. 文本分类算法及其选择策略

文本分类算法是文本分类系统的核心组成部分。目前存在多种基于向量空间模型的训练算法与分类算法，如 K 最近邻居算法、贝叶斯算法、最大平均熵算法等。每种算法都有其独特的优势与适用场景。在选择算法时，我们需要综合考虑文本分类的需求、算法的复杂度与准确性以及计算资源等因素。通过对比不同算法的性能与效果，我们可以选择最适合当前文本分类任务的算法，从而实现更高效的文本分类。

4. 分类结果的评价与反馈机制构建

文本分类系统的最终目标是实现准确的文本分类。然而，如何评估分类结果的准确性并给出反馈，是文本分类系统需要解决的重要问题。我们可以通过与专家分类结果进行对比，来评估分类系统的准确程度。同时，我们还需要构建有效的反馈机制，及时收集用户反馈与意见，对分类系统进行不断优化与改进。通过不断完善评价与反馈机制，我们可以提高文本分类系统的准确性与用户满意度，为文本分类技术的进一步发展奠定坚实基础。

（二）文本信息处理的应用领域

人类知识宝库中，语言文字形式的记载占据了总量的80%以上，这些丰富多彩的语言，如汉语、英语、日语等，被统称为自然语言。自然语言处理，作为人工智能领域的一项核心技术，致力于利用计算机这一强大工具，对人类独特的书面与口头自然语言信息进行深度处理与精细加工。其应用范围广泛，涵盖了多个重要研究领域。

1. 机器翻译：跨越语言障碍的桥梁

机器翻译技术，能够自动将一种语言文本转化为另一种语言，极大地促进了跨语言交流。它不仅在文献翻译、网页浏览辅助中发挥着重要作用，还助力国际间的信息流通与文化交融，让知识的获取不再受限于语言界限。

2. 自动文摘：信息的精练与提炼

自动文摘技术，能够智能地从原文档中提炼出核心内容与关键信息，生成简洁明了的摘要或缩写。在电子图书管理、情报快速获取等场景下，它如同一位高效的助手，帮助用户迅速把握信息要点，节省宝贵的时间与精力。

3. 信息检索：知识的精准定位

信息检索，或称为情报检索，利用计算机系统的强大搜索能力，从海量文档中精确筛选出符合用户需求的信息。在信息时代，它是人们获取知识、解决问题不可或缺的工具，无论是学术研究、工作需求还是日常生活，都离不开高效的信息检索技术。

4. 文档分类：知识的有序组织

文档分类，即文本自动分类，通过计算机系统的智能分析，将大量文档按照预设的分类标准（如主题、内容等）进行自动归类。在图书管理、内容管理以及信息监控等领域，它帮助人们建立有序的知识体系，提高信息管理与利用效率。

5. 信息过滤：守护信息安全的屏障

信息过滤技术，能够自动识别并过滤掉满足特定条件的文档信息，有效阻挡网络有害信息的传播，保障信息安全。在网络安全日益重要的今天，它是维护网络环境健康、保护用户免受不良信息侵扰的重要防线。

6. 问答系统：智能对话的未来

问答系统，通过计算机系统的智能推理与知识检索，能够自动回答用户提出的问题。它有时与语音技术、多模态输入/输出技术以及人机交互技术等相结合，共同构建起生动的人机对话系统。在智能客服、信息查询、教育辅导等多个领域，问答系统正以其独特的优势，引领着人机交互新潮流。

（三）中文信息处理的研究

中文信息处理作为一个复杂而系统的领域，其处理流程可细分为字处理平台、词处理平台和句处理平台三个核心层次。这三个层次相互关联、层层递进，共同构成了中文信息处理的完整框架。

字处理平台，作为中文信息处理的基石，历经近二十年的深入研究与探索，已经取得了显著成就，技术体系日趋成熟。该平台的研究与开发涵盖了汉字编码输入、汉字识别（包括手写体联机识别与印刷体脱机识别）、汉字系统优化以及文书处理软件等多个方面。这些技术的不断进步，为中文信息处理的后续环节奠定了坚实的基础。

词处理平台在中文信息处理中扮演着承上启下的重要角色，它是连接字处理平台和句处理平台的关键纽带。在这一平台上，最引人注目的应用莫过于面向互联网的、文本不受限的中文检索技术。这项技术不仅包括了通用的搜索引擎，还涵盖了文本自动过滤（如针对网上不良内容或危害国家安全内容的精准过滤）、文本自动分类（在数字图书馆等领域得到了广泛应用）以及个性化服务软件等多个方面。这些技术的快速发展，极大地提升了中文信息处理的效率和准确性。

此外，词处理平台上的另一个重要应用领域是语音识别。随着技术的不断进步，单纯依赖语音信号处理手段来提升识别准确率已经遇到了瓶颈。因此，借助文本的后处理技术成了提升识别效果的关键。同时，国内多所知名高校和科研机构也在这一领域展开了深入研究，虽然从技术到市场的转化还有一定的距离，但未来的发展前景值得期待。

除了上述应用外，词处理平台还广泛应用于文本自动校对、汉字简繁体自动转换等多个领域，为中文信息处理的多样化和便捷化提供了有力支持。

句处理平台是中文信息处理的高级阶段，其研究内容主要包括机器翻译、汉语的人机对话等复杂任务。尽管目前机器翻译的质量还远未达到令人满意的程度，但随着互联网技术的不断发展，机器翻译已经找到了其独特的舞台。无论是帮助中国人了解世界（英译汉），还是助力外国人深入了解中国（汉译英），机器翻译都展现出了巨大的潜力和广阔的市场前景。"金山快译"软件的受欢迎程度就是这一趋势的有力证明。同时，雅信诚公司推出的针对专业翻译人员的英汉双向翻译辅助工具"雅信CAT"，也以其精准的定位和创新的思路赢得了市场的认可。

除了机器翻译外，汉语语言转换也是句处理平台上的另一大重要应用。该技术通过遵循汉语的韵律规则，将文本文件转换为流畅的语音输出。这一技术不仅可用于构建盲人阅读机，为视障人士提供便捷的阅读服务；还可应用于文语校对系统，提高报纸杂志的校对效率；更可广泛运用于机场、车站等公共场所的固定信息发布，为公众提供及时、准确的信息服务。

中文信息处理的多层次架构为中文信息的处理和应用提供了丰富的可能性和广阔的发展空间。随着技术的不断进步和应用的不断拓展，中文信息处理领域必将迎来更加辉煌的未来。

三、语音信号处理

（一）语音信号处理的基础知识

1. 语音信号的特性

构成人类语音的是声音，这种特殊的声音源自人的讲话。语音由一系列音组成，这些音具有声学特征这一物理性质。音的排列遵循特定规则，这些规则及其含义的研究属于语言学领域，而音的分类和深入探讨则属于语音学范畴。

语音作为声波，由人的发音器官发出，它与其他声音共享声音的基本物理属性，具体包括音质（音色）、音调、音强及音量，以及声音的长短。

（1）音质（音色）

音质是区分不同声音的基本特征。

（2）音调

音调指的是声音的高低，它取决于声波的频率。频率高则音调高，反之则低。

（3）音强及音量

音强及音量，也称为响度，由声波的振动幅度决定。

（4）声音的长短

声音的长短，即音长，取决于发音的持续时间。

语音信号的一个核心特性是其随时间的变化性，表现为一个非平稳的随机过程。然而，在较短的时间段内，语音信号可以视为近似不变。这是因为人的肌肉运动具有惯性，状态转变需要时间，因此在状态未完全转变前，可假设其保持不变。这一假设在足够短的时间尺度上是有效的，为语音信号处理提供了重要基础，使得我们可以采用平稳过渡的分析方法来处理语音信号。

2. 语音信号分析的主要方式

根据分析参数的不同，语音信号分析可分为时域、频域、倒频域等多种方法。时域分析简单、运算量小且物理意义明确，但更有效的分析往往围绕频域进行，因为语音的感知特性主要反映在其功率谱中，而相位变化的影响相对较小。

傅里叶分析在信号处理中占据重要地位，它是分析线性系统和平稳信号稳态特性的有力工具，广泛应用于工程和科学领域。傅里叶分析以复指数函数为基函数进行正交变换，理论上完善、计算上便捷且概念上易于理解。它能揭示信号中某些在原始状态下可能不明显或未表现出来的特性。

然而，由于语音信号是非平稳的，标准的傅里叶变换并不直接适用于语音信号。为了处理语音信号，我们采用短时分析的方法。将短时分析应用于傅里叶变换，即得到短时傅里叶变换（或有限长度的傅里叶变换），其频谱称为短时谱。语音信号的短时谱分析以傅里叶变换为核心，其特点在于频谱包络与频谱微细结构以乘积形式混合。此外，短时傅里叶变换可利用快速傅里叶变换进行高效处理。

（二）语音信号处理的关键技术

1. 语音编码技术

语音编码技术，在语音信号数字处理的广阔天地中，扮演着举足轻重的角色。它不仅深刻影响着语音的存储效率与传输速度，还直接关联到语音合成的自然度、语音识别的准确性以及语音理解的深度。作为模拟语音信号通往数字化世界的桥梁，语音编码通过精细的算法，将连续变化的语音波形转化为离散的数字序列，这一过程既保留了语音的核心信息，又实现了数据的高效压缩。

波形编码，作为最直观的编码方式，致力于复现原始语音信号的波形细节；信源编码（声码器）则侧重于提取语音的生成参数，如基频、共振峰等，以更少的比特数重建语音；混合编码则巧妙地融合了前两者的优点，力求在保真度与压缩率之间找到最佳平衡点。随着技术的不断进步，如何在保证语音质量的前提下，进一步降低编码速率，成为语音压缩编码技术持续探索的核心议题。特别是在资源受限的环境中，如移动通信、远程教育和智能穿戴设备等领域，高效的语音编码技术更是显得尤为重要。

2. 语音合成技术

语音合成技术，赋予了机器以"发声"的能力，是连接数字世界与人类感知的桥梁。这项技术不仅要求生成的语音清晰可辨，更要富有自然流畅的情感表达，从而达到"以假乱真"的效果。语音合成技术的实现，离不开对声学特性的深入理解和模拟，以及对语言学知识的巧妙运用。通过构建复杂的声学模型和语言模型，计算机能够学习并掌握人类语音的韵律、语调、发音习惯等细微特征，进而根据输入的文本内容，自动生成与之匹配的语音输出。

在智能客服、语音导航、有声读物制作等多个领域，语音合成技术正以其独特的魅力改变着人们的生活方式，使得信息的获取和交流变得更加便捷和人性化。随着深度学习等先进技术的引入，语音合成的自然度和表现力将得到进一步提升，为构建更加智能、互动的语音交互系统奠定坚实基础。

3. 语音识别技术

语音识别技术，作为实现人机语音交互的关键一环，其发展历程见证了从实验室走向实际应用的不懈努力。该技术通过捕捉并分析语音信号中的声学特征，如音高、音色、语速等，将其与预先建立的语音模型进行比对，从而识别出对应的文字内容。随着算法的不断优化和计算能力的提升，语音识别技术已逐渐跨越了特定人、小词汇量的限制，向非特定人、大词汇量、连续自然语音识别的方向迈进。

然而，面对复杂多变的实际应用场景，如嘈杂的环境噪声、方言口音的差异以及口语表达的随意性，语音识别技术仍面临诸多挑战。为了提升识别系统的鲁棒性和准确性，研究者不断探索新的特征提取方法、模型训练策略以及噪声抑制技术。一个完善的语音识别系统，通常包括预处理、特征提取、模型训练和模式匹配等多个环节，每一环节的性能都直接关系到整个系统的识别效果。

随着技术的不断成熟，语音识别技术正逐步渗透到日常生活的方方面面，如智能家居控制、语音助手、自动驾驶汽车等领域，为人们带来了前所未有的便捷体验。未来，随着人工智能技术的深入发展，语音识别技术将更加注重用户体验的个性化、智能化和安全性，成为推动人机交互方式变革的重要力量。

4. 语音理解技术

语音理解技术，作为语音交互系统的"智慧大脑"，旨在实现人与机器之间真正意义上的自然语言沟通。它不仅仅是对语音信号的简单识别，更是对语音背后所蕴含意图和情感的深入理解。语音理解技术融合了自然语言处理、机器学习、知识图谱等多个领域的前沿成果，旨在构建一个能够准确理解人类语音指令、自动响应并提供有用信息的智能系统。

在特定应用领域，如金融客服、医疗健康、智能家居等，语音理解技术正展现出巨大的应用潜力。通过结合口语识别、语音合成和机器翻译等技术，用户可以仅凭语音指令就能完成复杂的任务操作，如查询账户余额、预约医生、控制家电设备等。这些系统的出现，不仅极大地提高了用户的使用便捷性，还促进了信息的高效流通和服务的智能化升级。

随着技术的不断进步和应用的深入拓展，语音理解技术将更加注重对语境、情感、习惯等因素的综合考量，以实现更加精准、个性化的服务。同时，跨语言、跨文化的语音理解也将成为未来的研究方向之一，为构建全球化的智能语音交互系统奠定坚实基础。

第二章　智能电网中的分布式发电技术

第一节　分布式发电及其对智能电网的影响

一、分布式发电的分类

（一）第一种分类：基于化石能源的分布式发电技术详解

在化石能源驱动的分布式发电领域，主要技术分支涵盖了往复式发动机技术、微型燃气轮机技术以及燃料电池技术，它们各自以其独特的技术特点和适用场景，在分布式发电（Distributed Generation，DG）领域发挥着重要作用。

1. 往复式发动机技术

作为当前应用最为广泛的分布式发电方式之一，往复式发动机以其四冲程的点火式或压燃式设计，能够高效利用汽油或柴油作为燃料。尽管传统上这种方式可能对环境产生一定影响，但随着技术的不断进步，如采用先进的排放控制技术，已显著降低了噪声和废气排放，使其更加环保。

2. 微型燃气轮机技术

微型燃气轮机，以其小巧的体积和灵活的燃料选择（包括天然气、甲烷、汽油、柴油等），成为分布式发电中的一股新势力。尽管其满负荷运行效率相对较低（约30%），但通过家庭热电联供系统，即利用设备产生的废热进行供暖或热水供应，可以显著提升整体能效。目前，该技术已在国外进入示范应用阶段，其技术突破点主要集中在高速轴承的耐用性、高温材料的研发以及精密部件的加工技术上。

3. 燃料电池技术

作为一种直接将化学能转化为电能的装置，燃料电池以其清洁、高效的特点被视为未来分布式发电的重要方向。它无须燃烧过程，仅通过电化学反应即可产生电能，副产品仅为热能、水和少量二氧化碳，对环境友好。氢作为燃料电池的主要燃料，可通过多种碳氢化合物的重整或氧化反应获得，展现了其作为 21 世纪分布式电源的广阔前景。

（二）第二种分类：基于可再生能源的分布式发电技术概览

随着对可持续发展和环境保护意识的增强，基于可再生能源的分布式发电技术日益受到重视，其中太阳能光伏发电技术和风力发电技术是两大主流。

1. 太阳能光伏发电技术

利用光伏效应，太阳能光伏板能够直接将太阳光转化为电能，具有无须燃料、地域限制小、规模可调、无污染、安全可靠且维护简便等显著优势。然而，高昂的成本是当前制约其广泛应用的主要障碍。因此，研发更高效的光伏材料、优化系统设计以及提高转换效率，是降低太阳能发电成本、推动其普及的关键。

2. 风力发电技术

风能作为一种清洁、可再生的自然资源，通过风力发电机将其转化为电能，既可用于独立供电，也可并入电网运行。随着技术的快速发展，风力发电机的单机容量不断提升，2MW 以下的技术已相当成熟，且成本持续下降，使得风力发电成为最具竞争力的可再生能源发电方式之一。

（三）第三种分类：混合分布式发电技术

混合分布式发电技术，特别是热电冷三联产系统，代表了分布式发电技术的一个高级发展阶段。该系统通过整合两种或多种发电技术（如太阳能光伏、风力发电与燃气轮机或燃料电池）以及蓄能装置，形成一个高度集成、多功能的能源供应系统。这种系统不仅能够生产电力，还能同时提供热能（供暖）和制冷服务，极大地提高了能源的综合利用率，减少了能源浪费和环境污染。与单一的供电系统相比，热电冷三联产系统在热经济性、环境友好性和能源安全性方面均表现出显著优势，是未来智慧城市和绿色社区建设中的重要组成部分。

二、分布式发电对智能电网的影响分析

（一）分布式发电对电能质量的影响

1. 对电压波动的影响：深度剖析

在传统配电网的架构下，有功功率和无功负荷会随着时间的推移而发生变化，这种变化会直接导致系统电压的波动。特别是在配电网的末端区域，由于线路阻抗的存在，电压波动的情况会愈发显著。当负荷密集地分布在系统末端时，电压波动的问题将更为严重，这不仅影响供电质量，还可能对用电设备造成损害，因此在实际运营中通常会尽量避免此类情况的出现。

分布式发电会引入分布式电源，这为配电网带来了新的变化，其对系统电压波动的影响主要体现在以下两个方面：

①分布式电源与本地负荷的协同运行效应：当本地负荷增加时，分布式电源能够相应地增加其输出量，反之亦然。这种协同作用有助于稳定系统电压，减少电压波动。例如，在太阳能发电系统中，随着日照强度的增强，太阳能电池板的输出功率增加，可以有效地补偿因负荷增加而引起的电压下降，从而抑制系统电压的波动。

②分布式电源与本地负荷的非协同运行问题：以风力发电为例，其有功输出受风速的直接影响，而风速本身具有较大的不确定性和波动性。这使得风力发电很难与本地负荷实现精确的协同运行。当风速变化导致风力发电输出急剧波动时，系统电压也会相应产生较大的波动，对电网的稳定运行构成挑战。

分布式发电接入系统后，其功率输出的波动性成为影响电网电压稳定性的一个固有问题。无论分布式电源处于何种运行状态，其功率输出的波动都会对电网电压产生不同程度的影响。在某些极端情况下，电压波动甚至可能成为限制分布式电源装机容量的关键因素。因此，对分布式电源接入后的电压波动问题进行全面、系统的研究，对于保障电网的稳定运行、优化分布式电源的布局和配置具有重要意义。

2. 谐波问题的深入探讨

分布式电源接入分布式发电系统后可能带来的另一个重要问题是谐波问题。谐波的产生主要源于两个方面：

一是分布式电源本身可能就是一个谐波源。某些类型的分布式电源，如某些特定的逆变器或发电机，可能在工作过程中产生谐波电流或电压，对电网造成污染。

二是分布式电源中广泛使用的电力电子设备，如变频器、整流器等，也是谐波的重要来源。以风力发电为例，虽然发电机本身产生的谐波可以忽略不计，但风电机组中的电力电子元件，特别是变速恒频风电机组中的变流器，在工作过程中会持续产生谐波电流。谐波电流的大小与输出功率基本呈线性关系，即与风速大小密切相关。在风速变化时，谐波电流也会相应变化，对电网造成不同程度的谐波干扰。

谐波干扰的程度不仅取决于变流器装置的设计结构及其安装的滤波装置状况，还与电网的短路容量有关。短路容量越大，电网对谐波的承受能力越强，谐波干扰的程度相对较低。然而，在实际运行中，由于电网结构的复杂性和多样性，谐波问题往往难以彻底消除。因此，在分布式电源的设计和接入过程中，需要充分考虑谐波问题，采取有效措施来抑制谐波的产生和传播，以保障电网的稳定运行。

（二）分布式发电对系统安全和可靠性的影响

分布式发电中分布式电源接入配电网后，其对系统安全和可靠性的影响呈现出复杂且双面的特性，具体效果需根据实际应用场景和条件来综合评估。当分布式电源被巧妙地设计为备用电源并融入系统时，它们能够显著减轻电网的过负荷压力，缓解输电通道的拥堵状况，从而有效提升电网的输电能力和裕度。通过精心规划的分布式电源布局与智能的电压调节策略，这些电源不仅能够为系统电压提供坚实的支撑，还能全面优化系统电压水平，确保电压稳定且处于合理范围内。特别值得一提的是，那些具备低电压穿越能力的分布式电源，在电网遭遇故障时能够继续稳定运行，有效减轻电压骤降的影响，极大地增强了系统对电压波动的调节能力和韧性，这无疑是系统可靠性提升的一大助力。

然而，分布式电源并网运行也伴随着潜在的安全风险与挑战。对于那些缺乏低电压穿越能力的分布式电源，一旦电网发生故障，它们往往需要从电网中迅速切除，以避免进一步发生问题。但这一操作可能导致，在相关线路故障后重合闸时，分布式电源不仅无法发挥应有的电压支撑作用，反而可能加剧电压的跌落，影响电网的快速恢复。更为严重的是，如果分布式电源在故障后未能及时跳闸脱网，非同期重合闸可能会引发保护装置的误动作，导致设备损坏，线路恢复延迟，进而延长用户的停电时间，对系统的可靠性和用户满意度构成威胁。此外，在系统整体停电的极端情况下，部分分布式电源可能因燃料中断或辅机电源丧失而同时停运,无法发挥预期的供电保障作用。同时,分布式电源与配电网继电保护之间的不协调配合,也可能引发继电保护的误动作,进一步削弱系统的安全可靠性。最后,分布式电源的安装地点、容量选择以及连接方式的不当,都可能对配电网的安全可靠性造成不利影响,需要在实际应用中予以高度重视和精细规划。

(三) 分布式发电对系统保护影响的深入分析

配电网作为电力传输与分配的关键环节,其结构通常为辐射状,依赖单一的电源供电,电流在线路中单向流动。鉴于配电网故障多为瞬时性,其保护策略设计得相对简洁而高效,主要包括在变电站安装反向过流继电器、主馈线上配置自动重合闸装置,以及在支路上设置熔断器。这一保护体系遵循"仅断开故障支路,对瞬时故障进行重合闸"的原则,确保了保护的快速性和准确性。然而,分布式发电中分布式电源的接入彻底改变了这一格局,给配电网的保护带来了诸多挑战。

首先,分布式电源的引入可能导致线路保护的灵敏度下降或保护范围缩小。特别是在某些线路位置,由于分布式电源的存在,速断保护可能无法启动,形成所谓的"速断保护死区"。这意味着在这些区域内发生的故障可能无法被及时检测和隔离,只能依赖后备过流保护来排除,从而延长了故障持续时间,增加了对电网的潜在威胁。若尝试调整速断保护的整定值以适应分布式电源,又可能引发保护与控制装置之间的协调问题,导致保护误动作的风险增加。

其次,分布式电源还可能引起相邻线路保护误动作。当故障发生在靠近母线的位置时,由于分布式电源的电流贡献,其所在线路的保护可能会检测到超过整定值的故障电流,从而错误地触发跳闸指令,导致无故障线路的非必要停电。

最后,分布式电源对重合闸的影响也不容忽视。在分布式电源接入后,若线路因故障跳闸而形成孤岛,且孤岛能够维持功率和电压在额定值附近运行,那么在重合闸动作时,分布式电源可能仍未脱离线路。这可能导致两种不利情况:一是非同期重合闸,由于孤岛与电网之间的相角差可能随机变化,重合闸时可能产生冲击电流,导致保护误动作;二是故障点电弧重燃,分布式电源维持的故障电流在重合闸时可能引发电弧重新燃烧,造成绝缘破坏,扩大事故范围。

（四）分布式发电对电力市场影响的全面剖析

电力工业的改革和电力市场的兴起为分布式发电提供了前所未有的发展机遇。在统一开放的交易平台上，各种分布式发电方式得以公平竞争，电力用户也因此获得了更多的选择权。他们不仅可以选择不同的电力供应商，还可以根据时段、供电质量、计量方式、费率结构、付款方式以及用户侧管理计划等因素来优化自己的用电策略。甚至，用户还可以考虑自己发电或蓄电，以满足特定的用电需求。

配电网的开放更是催生了电力零售市场的繁荣。在这个市场上，企业自备电厂和用户安装的分布式电源可以参与到电力供应的竞争中来。对于拥有分布式电源的用户而言，他们面临着三种选择：从电网购电、自给自足或向电网售电。根据发电市场的电价信息和零售市场的需求动态，用户可以灵活调整自己的分布式电源运营策略，以实现最大的经济效益和社会效益。同时，电力零售市场的建立也促进了电力供应的多元化和竞争的公平性，为电力行业的可持续发展注入了新的活力。

（五）分布式发电带来的其他挑战与机遇

分布式发电不仅改变了电力系统的运行方式，也带来了一系列新的挑战和机遇。首先，在法律法规和行业规范方面，需要建立与分布式发电相适应的制度框架，以确保其安全、有序地发展。其次，为了实现分布式电源与配电网的有效并网和协调运行，需要制定统一的并网标准，并深入研究通信技术、GPS技术、DSP技术以及电力系统的动态测量和在线检测技术在分布式发电中的应用。最后，分布式发电虽然在一定程度上提高了电力系统的灵活性和可靠性，但也可能在某些情况下对系统可靠性产生不利影响。例如，当大系统停电时，分布式电源的燃料供应或辅机电源可能中断，导致其无法持续运行；或者分布式电源与配电网的继电保护配合不当，可能引发保护误动作；不恰当的安装地点、容量和连接方式也可能降低配电网的可靠性。因此，在推广分布式发电的同时，必须充分考虑其对电力系统整体可靠性的影响，并采取相应的措施加以应对。

第二节　分布式发电并网

一、分布式发电并网概述

通常 DG 与电网互联的接口一般有 3 种形式：同步发电机、异步发电机、DC/AC 或 AC/AC 变换器。DG 容量范围及其入网方式如表 3-1 所示。

表 3-1　DG 容量范围及其入网方式

发电形式	容量范围	入网方式
太阳能光伏	1W ~ 1kW	DC/AC 变换器
风能	1W ~ 1MW	异步发电机
地热能	1kW ~ 1MW	同步发电机
海洋能	1kW ~ 1MW	同步发电机
微型燃气轮机	1kW ~ 1MW	AC/AC 变换器
燃料电池	1kW ~ 1MW	DC/AC 变换器

在分布式发电系统中，采用同步发电机作为接口的 DG 可细分为两类：励磁电压恒定型和励磁电压可调型。励磁电压恒定型的 DG，由于其不具备电压调节的功能，因此在潮流计算过程中，这类 DG 的节点不能被视为 PV 节点。其发出或吸收的无功功率与机端电压紧密相关，且在潮流计算开始之前无法确定具体的无功值，因此也不能简单地将其视为 PQ 节点来处理。相比之下，励磁电压可调型的 DG 则具备电压调节能力，可以灵活调整其输出电压，从而可以被当作 PV 节点来对待，在潮流计算中的处理方法与传统电网中的 PV 节点处理方法保持一致。

此外，异步发电机由于没有配备励磁系统，其运行过程中需要从电网中吸收无功功率，且吸收的无功大小同样受到机端电压的影响。因此，在进行潮流计算时，对异步发电机的处理也需要采取特殊的方法，以准确反映其无功需求和对电网的影响。

对于采用 DC/AC 或 AC/AC 变换器接口的 DG 来说，其输出的有功功率和无功功率则与变换器的控制策略密切相关。这类 DG 的潮流计算需要结合具体的变换器控制策略来进行，以确保计算结果的准确性和可靠性。因此，在处理这类 DG 的潮流计算时，需要充分了解变换器的工作原理和控制策略，以便对

DG 的输出进行准确的预测和计算。

（一）异步发电机接口模型

目前利用风能的机组多为异步发电机，异步发电机在超同步运行情况下以发电方式运行。此时它吸收风力机提供的机械能，发出有功功率，同时从电网或电容器吸收无功功率提供其建立磁场所需的励磁电流。多台风力机组按照一定规则排列构成风电场，风电场的功率为所有风电机组输出功率之和。

由于图 3 - 1 中 $x_m \gg x_i$，且定子电阻和铁心的功率损耗与有功功率相比可忽略，因此，可以将励磁支路移至电路首端，得到简化的异步发电机厂型等值电路（图 3 - 2）。图 3 - 2 中，可由电路连接关系直接求出风电机组无功功率和有功功率的表达式。若假设风电场的有功功率为风机的机械功率，可由电路连接关系得出风电机组无功功率的表达式。经过简化如下：

$$P_c = \frac{\dfrac{V^2 r_2}{s}}{\left(\dfrac{r_2}{s}\right)^2 + x_k^2} \tag{3-1}$$

$$Q_e = -\frac{r_2^2 + x_k(x_k + x_m)s^2}{r_2 x_m s} P_e \tag{3-2}$$

$$s = -\frac{V^2 r_2 - \sqrt{V^4 r_2^2 - 4P_e^2 x_k^2 r_2^2}}{2P_2 x_k^2} \tag{3-3}$$

式中：$x_k = x_1 + x_2$，V——机端电压；

P_e——异步发电机的有功功率。

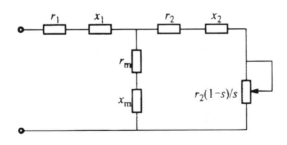

图 3 - 1　异步电动机等效电路

由式（3 - 1）可知，当异步发电机输出的有功功率 P_e 一定时，它吸收的无功功率与机端电压 V 的大小有密切关系。

由以上假设和公式推导可知，异步发电机节点类型具有如下特点：发出的有功功率在特定时间段是确定值，而无功功率则是随机端电压变化而变化的。

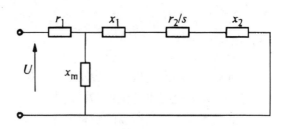

图 3 - 2　异步电动机简化模型

（二）同步发电机模型接口

一般来说，有励磁调节能力的同步发电机作为接口的 DG 具有两种励磁控制方式：电压控制和功率因数控制。采用电压控制的 DG 在潮流计算中可作为 PV 节点处理，采用功率因数控制的 DG 可以作为 PQ 节点处理。下面讨论采用无励磁调节的同步发电机作为接口的 DG 在潮流计算中的处理方法。

考虑隐极机（图 3-3）有下式成立：

$$P_{DG} = \frac{E_{DG}V}{X_d}\sin\delta \tag{3-4}$$

$$Q_{DG} = \frac{E_{DG}V}{X_d}\cos\delta - \frac{V^2}{X_d} \tag{3-5}$$

式中：P_{DG}，Q_{DG}——DG 的有功输出和无功输出；

E_{DG}——DG 机组的空载电势。由于无励磁调节系统，所以 E_{DG} 为常数；

X_d——DG 机组的同步电抗；

V——机端电压；

δ——功角。

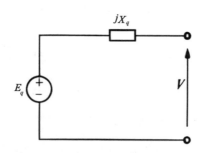

图 3 - 3　隐极同步发电机等效电路

一般在稳态计算中可以认为 DG 的输出有功是已知的，可以推得 Q_{DG} 与两端电压的关系：

$$Q_{DG} = \sqrt{\left(\frac{E_{DG}V}{X_d}\right)^2 - P_{DG}^2} - \frac{V^2}{X_d} \qquad (3-6)$$

式（3-5）与式（3-6）有类似之处，不同的是式（3-5）中的 Q 小于 0，表明异步发电机实际上是吸收无功，而式（3-6）中 Q 大于 0。可见，对采用无励磁调节能力的同步发电机作为接口的 DG，在稳态计算中也可以作为静态电压节点处理。

（三）电力电子变换器接口

一些分布式发电技术需要通过电力电子装置，如整流器或逆变器，才能并入电力系统。例如，燃料电池、太阳能光伏发电以及储能系统，它们产生的是直流电能，因此必须通过电压源逆变器进行转换，才能与交流电网实现连接。而微型燃气轮机则产生高频交流电，这种电能并不能直接并入常规电网，而是需要先通过交流－直流－交流（AC/DC/AC）或交流－交流（AC/AC）变频器进行频率和电压的转换，以满足并网要求。这些电力电子装置的使用，虽然为分布式电源的灵活接入提供了可能，但同时也带来了谐波控制、电压波动等新的挑战，需要在设计和运行过程中予以充分考虑和解决。

二、并网逆变器系统

（一）并网逆变器的拓扑结构探讨

在并网逆变器的研究领域，低频环节逆变器与单向直流变换器型高频环节逆变器已被广泛应用于太阳能电池发电系统中。为了更深入地理解这两种逆变器，我们可以根据输入输出隔离变压器的类型，将它们明确区分为低频环节并网逆变器和高频环节并网逆变器两大类。

对于分布式发电系统中的低频环节并网逆变器，其电路结构主要由工频或高频逆变器、工频变压器以及输入、输出滤波器构成。这一类型的逆变器拓扑族丰富多样，包括推挽式、推挽正激式、半桥式、全桥式等，它们可以通过方波、阶梯波合成或脉宽调制等逆变器技术来实现。低频环节并网逆变器的显著特点在于其电路结构简洁明了，能够实现双向功率流，且采用单级功率变换，变换效率高。然而，这类逆变器也存在一些不足，如变压器体积和重量较大，以及音频噪声较大等。

相较于低频环节并网逆变器，分布式发电系统中的高频环节并网逆变器则呈现出不同的特点。其电路结构主要由高频逆变器、高频变压器、整流器、极性反转逆变桥以及输入输出滤波器组成，这种电路结构特别适合于可再生能源的有源逆变。高频环节并网逆变器的优势在于其高频电气隔离能力，电路结构同样简洁，但实现的是单向功率流。它采用三级功率变换，直流变换机工作在SPWM模式下，且极性反转逆变桥的功率开关电压应力低，同时实现了零电压零电流开关等特性。高频环节并网逆变器的拓扑族同样丰富，包括单管正激式、并联交错单管正激式、推挽式、推挽正激式、双管正激式、并联交错双管正激式、半桥式、全桥式等。

在选择最合适的逆变器拓扑时，我们需要综合考虑多个关键因素。其中，加在变压器一次侧或电感上的电压值的大小、通过开关管的峰值电流的大小以及加在开关管上的最高电压值都是至关重要的。具体来说，变压器一次侧的电压大小直接决定了通过开关管的峰值电流。在功率一定的情况下，输出电压越低，产生的峰值电流就越大，一旦超过开关管的峰值电流承受能力，就会导致开关管损坏。同时，开关管所承受的最大电压也是影响其安全工作的关键因素。如果电压过高，就有可能使开关管超出其安全工作区，从而引发故障。

此外，不同的拓扑结构还存在其特有的问题。例如，推挽式电路结构虽然简单，但存在潜在的偏磁危险，可能导致变压器朝一个方向饱和，甚至在负载跳变时迅速烧毁。针对这一问题，可以采用电流环或具有脉冲电流逐周保护的电压环控制来加以解决，但这也会增加设计的复杂性和成本。半桥电路虽然使用的元器件较多，但其输入电压只有一半加在变压器的一次侧，导致电流峰值增加，因此一般只适用于输出功率较低的场合。而全桥电路则使用了四个开关管，需要浮地驱动，元器件成本最高，但通常能够应用于输出功率较大的场合，以满足更高的性能要求。

（二）并网逆变器的控制技术

1. 模拟控制技术详解

在逆变器的模拟控制领域，电压型与电流型线性控制技术是两大核心。电压型控制技术，作为传统且稳健的方法，通常采用单闭环反馈机制。其调制过程依赖大幅度的锯齿波，这使得系统在面对外部干扰时表现出较强的抗干扰能力，并且具备良好的交叉调节特性。然而，该技术也面临一些挑战：动态响应速度相对较慢，且环路增益会随输入电压的变化而波动，导致补偿设计变得复杂。因此，在应用电压型控制时，工程师们需要在系统的静态精度、快速响应与稳定性之间寻找一个最佳的平衡点。

电流型控制技术则以其卓越的性能脱颖而出，其中峰/谷值电流型控制和平均值电流型控制是两种主要策略。

峰/谷值电流型控制技术通过精确控制功率开关的峰/谷值电流，使其紧密跟随电压外环的反馈信号。这一技术通过检测电感电流或功率开关电流作为电流内环的反馈，与电压外环的输出进行比较后，精确调整功率开关的占空比。它包含多种控制手段，如恒定截止时间峰值电流控制、恒定导通时间谷值电流控制等，每种手段都有其独特的优势。这种控制技术不仅提高了系统的稳定性，还实现了快速的动态响应和高精度的静态性能。然而，它也面临着一些挑战，如功率电路谐振带来的控制环路噪声、抗干扰能力较弱以及对不同拓扑结构的适应性有限。

平均值电流控制技术则通过引入高增益的积分电流误差放大器到电流环中，优化电流环的增益－带宽特性。这种技术能够精确跟踪电流变化，无须斜坡补偿，且对噪声具有较强的免疫能力。然而，其动态响应速度相对较慢，这在一定程度上限制了其应用范围。

2. 数字控制技术前沿探索

随着数字信号处理器的飞速发展，逆变器的数字控制已成为研究热点。数字控制与模拟控制的融合也为逆变器控制带来了新的机遇。

PID 控制作为数字控制中的经典策略，因其设计简单、参数易整定而在工程实践中得到广泛应用。在数字 PID 控制中，可以避免模拟控制中常见的系统庞大、可靠性低、调试复杂等问题。通过结合其他补偿措施，如电压、电流的双环控制，可以进一步提升逆变器的控制效果。

无差拍控制是一种基于逆变器系统状态方程和输出反馈信号来计算下一个采样周期脉冲宽度的控制方法。它依赖微处理器实现 PWM 输出，具有暂态响应快、输出波形优良、输出电压相位稳定等优点。然而，无差拍控制的鲁棒性相对较弱，对系统参数的波动较为敏感，容易导致输出性能恶化甚至系统不稳定。此外，其瞬态超调量也较大，需要在实际应用中加以注意。

模糊控制技术因其不需要受控对象的精确数学模型而备受关注。在逆变器控制中，模糊控制器能够展现出较强的鲁棒性和自适应性，有效应对复杂的电力电子系统。通过快速查找模糊控制表的数据，可以提高控制的精度和响应速度。然而，模糊控制通常需要与其他控制方式相结合，以补偿逆变器带非线性负载时可能出现的输出电压跌落现象。

滑模控制则是一种针对系统参数变化和外界干扰具有较强鲁棒性的控制方法。在逆变器控制中引入滑模控制，可以显著提高系统的稳定性和暂态响应性能。然而，滑模控制也存在一些挑战，如稳定性问题、控制律的复杂性和实现难度等。因此，在实际应用中，往往需要结合前馈控制等策略来进一步优化滑模控制的效果。

（三）并网逆变器应用举例

1. 燃料电池发电的并网结构及其控制方式

并网的燃料电池发电站一般由燃料电池、功率调节单元（Power，Condition Unit，PCU）以及升压变压器等部分组成。其中 PCU 主要由 DC/AC 换流器、电压控制环节和功率控制环节组成。并网型燃料电池发电站等效电路如图 3-4 所示。其中 V_{FC} 为电池输出的直流电压；R_{FC} 为电池的内阻；m 为换流器的调节指数；ψ 为换流器点燃角（或超前角）；V_{ac} 为换流器输出的交流电压；X_T 为变压器等值电抗；V_s 为系统母线电压；δ 与 θ 为电压的相角，且满足 $\psi = \delta - \theta$。

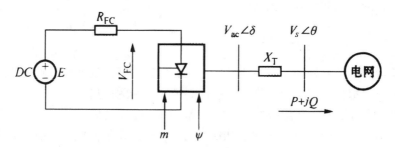

图 3-4　并网型燃料电池发电站等效电路

V_{ac} 幅值与 V_{FC} 有如下关系：

$$V_{ac} = mV_{FC} \tag{3-7}$$

由图 3-4 可以推出下式：

$$P = \frac{V_{ac}V_s}{X_T}\sin(\delta - \theta) = \frac{mV_{FC}V_s}{X_T}\sin\psi \tag{3-8}$$

$$Q = \frac{V_{ac}V_s\cos\psi}{X_T} - \frac{V_s^2}{X_T} = \frac{mV_{FC}V_s}{X_T}\cos\psi - \frac{V_s^2}{X_T} \tag{3-9}$$

与常规的同步发电机不同，燃料电池发电站没有原动机调速器和励磁调节器，它的有功功率和无功功率控制是通过控制参数 ψ 和 m 实现的。PCU 换流器的超前角 ψ 可以由燃料流量进行控制，通过对燃料流量的控制实现对燃料电池有功输出功率的控制，这与常规发电机通过调节气门、导水叶开度，实现有功调节的原理类似；而对无功功率的控制则是通过调整 PCU 换流器的调节系

数 m 实现的,这与常规发电机调节励磁电流来控制其无功输出原理相似。因而,在潮流稳态计算中,燃料电池发电站并网节点可以作为 PV 节点处理。

燃料电池发电站正常运行时不需要从系统吸收无功,可以认为发出最小无功 $Q_{\min}$ 为 0。在潮流计算中,如果燃料电池发电站并网节点的无功越限,可以将该节点作为 PQ 节点处理,此时的无功注入为无功输出的上限或下限值。

2. 光伏发电系统的并网控制

太阳能电池板产生的电能是直流形式,而电网则需求 50Hz 的交流电。为了将太阳能电池板的直流电能有效输送到电网上,逆变器成了必不可少的设备,它的核心任务就是将直流电转换为与电网兼容的交流电。光伏发电系统并网控制的核心目标,就是确保逆变器输出的交流电与电网电压在频率、相位上完全一致,实现单位功率因数并网,从而最大化地向电网输送电能。

并网逆变器作为并网发电系统的电能转换核心,其类型主要根据直流侧电源的性质来划分。当直流侧为电压源时,我们称之为电压型逆变器;若直流侧为电流源,则称为电流型逆变器。由于电流源型逆变器需要在直流侧串联大电感以稳定直流电流,但这往往导致系统动态响应迟缓,因此,在全球范围内,电压源型逆变器凭借其优越的动态性能,成了并网逆变器的主流选择。

在单相正弦逆变器的主电路设计中,半桥、全桥、推挽是三种最为常见的结构。其中,全桥逆变器因其高效能和广泛的应用场景而备受青睐。相比之下,半桥逆变器虽然使用的功率开关器件较少,电路结构更为简洁,但其交流输出电压幅值仅为直流输入电压的一半,导致在相同容量下,半桥逆变器的功率开关需要承受更大的额定电流,通常是全桥逆变器的两倍。尽管如此,半桥逆变器因其分压电容带来的抗电压输出不平衡能力,以及控制简单、成本低廉的优势,在小功率逆变电源中仍占有一席之地。

推挽式逆变电路则以其在任何瞬间导通路径上仅串联一个开关器件的特点,在低电压源输入时表现出色。然而,其难以避免输出变压器的直流饱和问题,且对开关器件的耐压要求较高。此外,推挽式逆变器只能输出方波电压,限制了其在需要正弦波输出的场合的应用,因此更适用于小功率方波逆变电源系统。

单相全桥逆变电路,可以看作由两个半桥逆变电路组合而成,因其在大容量场合的出色表现而成为电压型逆变电路中的佼佼者。在相同的直流输入电压下,全桥逆变电路的最大输出电压是半桥电路的两倍,这意味着在输出功率相同的情况下,全桥电路的输出电流和开关器件的电流都只有半桥电路的一半,这对于大功率应用来说是一个显著的优势。

综合比较各种逆变器拓扑结构的特点后,光伏并网系统普遍采用了传统的全桥逆变器作为并网逆变器的拓扑结构。在并网控制方面，逆变器与市电的并联运行可以通过电压控制或电流控制来实现。然而，由于电压控制存在锁相回路响应慢、电压控制精度低以及可能出现环流等问题，电流控制因其相对简单的控制方法和广泛的适用性，成为光伏并网逆变器的首选控制方式。通过采用电压源输入、电流源输出的控制方式，光伏并网逆变器能够更有效地实现与电网的并联运行。

为了实现逆变器输出电流与电网电压的实时跟踪，确保输出电流为正弦波且与电网电压同频同相，光伏并网系统采用了跟踪控制法。这种方法不是通过信号波对载波进行调制，而是将期望的输出电流波形作为指令信号，将实际电流波形作为反馈信号，通过比较两者的瞬时值来决定逆变电路各功率开关器件的通断状态，从而使实际输出紧密跟踪指令信号的变化。在实际应用中，滞环比较方式、三角波比较方式和定时比较方式是常用的并网逆变器输出电流跟踪控制方法。

为了进一步提升并网控制的性能，太阳能光伏并网系统采用了双闭环控制策略。其中，外环为电压环，负责控制并网逆变器直流输入端的电容电压稳定；内环为电流环，则专注于确保逆变器输出电流与电网电压的同频同相性，从而实现近似为1的功率因数并网。通过实际检测电容电压并与给定值进行比较，经过调节器得到电流环的给定并网电流幅值。这个幅值与通过锁相环节获取的电网电压的频率和相角同步信号相结合，生成并网电流的给定信号。再将此给定电流与实际检测到的并网电流进行比较，通过滞环比较环节得到全桥逆变器的功率器件开关信号，从而控制功率器件的开通和关断，使并网电流在指定的环宽范围内稳定变化。

三、分布式发电互联的标准和技术要求

（一）电压

分布式发电系统通常被接入低电压或中等电压等级的配电网络中。目前，并没有哪个国家明确设定了 DG 接入系统的最高电压限制。不过，不同的 DG 互联标准中都会详细规定相应的电压要求。在大多数情况下，DG 在共同耦合点所引起的电压波动必须严格控制在 ±5% 的额定电压范围内，以确保电网的稳定运行。值得注意的是，几乎所有的标准都明确禁止 DG 进行电压控制操作。IEEE 的相关标准更是明确指出，分布式电源在接入电网时，不得对共同耦合点的电压水平造成任何违反或改变。这意味着，DG 在接入电网后，必须

严格遵循电力公司所指定的电压等级，或者在已有的馈线负载条件下，至少要保持与互联之前相同的电压等级，以确保电网的整体稳定性和安全性。

（二）频率

在我国，电力系统的正常频率被严格规定在 $50 \pm 0.2Hz$。然而，为了进一步提升电能质量，实际运行中的电网频率往往会被控制在更为严格的 $50 \pm 0.1Hz$。而在加拿大，配电系统的频率偏差也被明确限制在特定的范围内。对于小型突发事件，频率的允许偏差通常被设定在 $59.7 \sim 60.2Hz$。这意味着，在面临此类突发事件时，DG 必须能够在这些适度的频率偏差下保持稳定运行，以确保电网的连续供电和稳定性。

（三）电流谐波

由于 DG 中广泛使用的电力电子转换器，可能会向电网中注入谐波电流。这些谐波的类型和严重程度主要取决于所使用的电力电子技术和逆变器的连接配置。为了确保电网的电能质量，总谐波失真（Total Harmonic Distortion，THD）在 60Hz 时不得超过额定值的 5%，或者在共同耦合点处，对于任何 DG 而言，总谐波失真都不得超过额定值的 3%。此外，偶次谐波的限制被设定为奇次谐波限制的 25%，以进一步控制谐波对电网的影响。需要特别注意的是，这一谐波电流注入的限制并不包括在 DG 未连接时，由本地区谐波电压失真所引起的谐波电流。在中国，相关标准还详细规定了 0.38 ~ 110kV 电压等级下的谐波失真限制，其中 0.38 ~ 110kV 的总谐波失真限制分别为 5% 和 3%。同时，该标准还明确规定了在 PCC 点处的 2 ~ 25 次单个谐波的具体限制要求。

（四）闪烁

闪烁现象通常是由于发电机如风力涡轮机输出功率的快速变化、负荷电流的迅速变化，或者像电弧炉、感应电动机等设备的启动所导致的支线电压重大变化所引起的。为了减少或避免这种闪烁现象对电网和用户的影响，许多国家都明确规定了 DG 的最大安装功率必须远小于共同耦合点的短路功率。同时，DG 也不得发出其他电力系统客户无法接受的可观测闪烁。值得注意的是，尽管风力发电在某些情况下可能会引发闪烁问题，但一般来说，除风力发电外的其他类型DGs 与电压闪变相关的问题并不常见。这主要是因为其他类型的 DGs 在设计和运行时，通常会采取更为严格的控制措施来减少或避免闪烁现象的发生。

我国标准规定，35kV、110kV 电压等级的电压波动分别应在 2.5% 和 2%。在正常照明时相当于 10Hz 的闪烁应在 0.6% 内，白炽灯照明应在 0.4% 内。国际电工委员会的相关标准规定了风力发电机并网的采用电能质量。建议限制单一风力发电机闪烁排放为 $Pl_t = 0.25$。该指数是指加权两个小时的平均闪烁测量，它还建议限制风力发电机在中压网络任何节点闪烁总额为 $Pl_t = 0.5$。

（五）直接电流注入问题及其管理

直流电流注入是一个需要特别关注的问题，因为它可能对电网中的变压器和电动机等无源器件造成严重影响。当直流电流注入时，这些器件可能会因为饱和而发热，甚至产生不可接受的谐波电流，这不仅损害设备性能，还可能影响电网的稳定运行。特别是在分布式发电功率转换器直接与电网连接（不带隔离变压器）的情况下，直流电流的注入风险尤为突出。这种注入可能导致变压器和其他磁性元件的饱和度增加，进而引发邻近电机的转矩脉动，对电网的稳定性和设备的安全运行构成威胁。

为了限制并网模式下的直流电流注入，各国和国际准则都制定了相应的规定。目前，分布式逆变器注入的直流电流范围为 20mA 到 1A，或者表示为 0.5% 到 5% 的额定电流。具体到标准层面，IEEE 929 和 IEEE P1547 明确规定，DG 注入的直流电流不应超过 0.5% 的额定电流，以确保电网的安全运行。而在比利时，技术要求更为严格，规定 DG 注入的直流电流必须小于 1% 的额定电流，一旦超过这一阈值，DG 应在 2 秒内自动切断，以防止对电网造成进一步的影响。

（六）保护策略的挑战与革新

随着电网中分布式电源及储能装置的日益增多，配电系统的故障特征发生了根本性变化。这些变化包括潮流的双向流通、微电网在并网与独立运行两种工况下短路电流大小的显著差异，以及基于逆变器的 DG 无法提供足够大的短路电流等。这些变化使得故障后电气量的变化变得异常复杂，给传统的继电保护方法带来了前所未有的挑战。

传统继电保护方法在面对分布式发电供能技术带来的新挑战时显得力不从心，已经成为限制该技术进一步发展和应用的重要技术屏障。为了确保电网安全稳定运行，各国技术标准纷纷提出明确要求：DG 不应破坏自动重合闸的功能，不应改变原有电力系统保护的协调性，并且必须满足反孤岛保护的要求。然而，随着 DG 总容量在系统容量中的比重不断上升，以及允许 DG 孤岛运行（微网模式）的情况日益增多，保护的工作原理和动作逻辑变得异常复杂。在这种情况下，继续沿用现有的防孤岛保护策略可能会引发一系列问题，如保护误动、拒动或保护范围不足等。因此，迫切需要研发新的保护策略和技术手段，以适应分布式发电供能技术的发展需求，确保电网的安全、稳定、高效运行。

第三节 微电网

一、微电网的结构与优点

（一）微电网的基本结构

①微电网的电源构成：微电网是一个集成了多种微电源形式的综合系统，其中包含了光伏发电系统，利用太阳能转化为电能；小型燃气轮机，通过燃烧天然气或其他可燃气体产生电力；蓄电池组，用于储存多余电能并在需要时释放，确保电力供应的稳定性。这些微电源通过智能调度和协调控制，共同为微电网提供稳定、可靠的电力供应。

②能量管理系统的核心作用：微电网配备了先进的能量管理系统，该系统通过数据采集模块实时收集微电网内各节点的电压、电流、功率等关键信息，并基于这些信息做出智能决策。能量管理系统能够解决电压控制问题，确保微电网内电压稳定；实现潮流控制，优化电力流动路径；同时，它还能执行保护控制策略，及时响应故障情况，保障微电网的安全运行。

③负荷供电策略的多样性：微电网中存在着各种类型的负荷，包括居民用电、商业用电、工业用电等。为了满足这些负荷的不同需求，微电网采用了多样化的供电策略。例如，对于某些当地的负荷，如紧急照明、关键设备等，可以直接由微电网中的微电源进行供电，以确保其连续运行；而对于其他负荷，则可以根据实际情况进行灵活调度，实现能源的高效利用。

④与主电网的灵活并网与互动：微电网通过主隔离器与主电网相连，实现了并网运行。在并网模式下，微电网可以为主电网提供额外的电力支持，改善主网的电能质量，如降低电压波动、减少谐波等。同时，微电网也可以从主电网中获取电力，以满足自身负荷的需求。这种灵活的并网与互动机制，使得微电网成为现代电力系统中的重要组成部分。

（二）微电网的显著优点

①提升本地电力供应可靠性：微电网通过协调各种微电源的运行，加强了

本地电力供应的可靠性。它能够有效减少馈线损耗，保持本地电压稳定，并通过利用余热等附加能源提高整体发电效率。此外，微电网还能提供不间断电源，确保关键负荷在电力故障时仍能保持运行。

②降低输电损耗与提高发电效率：由于微电网主要利用当地的电力资源，如太阳能、风能等可再生能源，以及小型燃气轮机等本地发电设备，因此能够显著降低长距离输电带来的损耗。同时，这些本地电源的发电效率也相对较高，有助于提升整个电力系统的能效。

③减少环境污染与促进可持续发展：微电网中大量使用可再生能源，如风能、太阳能等，这些能源在发电过程中不产生或产生很少的二氧化碳，因此有助于减少环境污染，促进可持续发展。随着可再生能源技术的不断进步和成本的降低，微电网的环保优势将更加显著。

④优化电网用电效率与降低峰荷压力：在微电网和主干网并联运行时，微电网可以承担多余的峰荷部分，而主干网则只需承担基本负荷。这种分工合作的方式有助于优化电网的用电效率，降低峰荷对电网的冲击和压力。

⑤提供协调控制与保障配电网安全：微电网为大量的分布式发电系统提供了协调控制平台，通过智能调度和优化算法，确保配电网的有效性和安全性。它能够及时发现并处理潜在的故障风险，保障电力系统的稳定运行。

⑥满足特定区域能量需求与灵活布局：微电网能够满足一片电力负荷聚集区的能量需要，这种聚集区可以是重要的办公区、厂区等关键区域，也可以是传统电力系统供电成本过高的远郊居民区等。相比传统的输配电网，微电网的结构更加灵活多变，能够根据实际需求进行定制化和优化布局。

二、微电网研究中的关键技术

（一）电力电子技术

电力电子技术作为推动各类可再生能源高效利用与发展分布式发电系统的核心技术之一，其重要性不言而喻。针对微网这一特殊应用场景的独特需求，深入研究并开发适用的电力电子技术，以及研制一系列新型的电力电子设备，显得尤为迫切。这些设备中，并网逆变器、静态开关以及电能质量控制装置等是关键。

光伏电池、风机、燃料电池、储能元件以及高频燃气轮机等多元化的能源转换设备，均需通过电力电子变换器这一桥梁，才能顺利接入微网系统网络，实现能量的高效转换与传输。这些变换器可能同时包含整流与逆变功能，也可能仅具备逆变能力，这取决于具体的能源类型与应用场景。然而，变换器因其快速的响应速度、较小的惯性以及相对较弱的过流能力，使得微网的能量管理策略与传统电力系统存在显著差异。特别是，适用于微网的逆变器，在具备常规逆变功能及并联运行能力的基础上，还需根据微网的特殊需求，融入有功 - 频率下垂控制、电压 - 无功下垂控制等高级控制功能，以确保微网的稳定运行与高效管理。因此，逆变器的运行控制技术已成为微网研究领域中的一大重点。

静态开关作为连接微网与主网的关键节点，其重要性不言而喻。在主网发生故障、遭遇 IEEE 1547 标准所定义的事件或电能质量事件等异常情况下，静态开关需能自动将微网切换至孤岛/自主运行状态，以保障微网的持续供电与稳定运行。而当这些异常事件消失后，静态开关又需自动实现微网与主网的重新连接，恢复正常的并网运行。除了基本的开关功能外，静态开关还需集成常规电力系统中由继电器、DSP 等硬件组件所提供的保护、测量及通信功能。通过不断监测开关两侧（主网侧与微网侧）的网络状况，确保在达到可操作条件且孤岛/自主运行的微网与主网实现同步后，才能安全地闭合静态开关。此外，静态开关的设计还需严格遵循相关连接标准，如 IEEE 1547.1 等，以确保其性能与安全性。

与此同时，针对微网中分布式能源（Distributed Energy Resources，DER）单元接入对电能质量可能产生的负面影响，如电压波形畸变、频率波动以及功率因数下降等，尤其是太阳能、风能等随机性能源的不稳定性所带来的挑战，研究并开发相关的电能质量控制系统显得尤为重要。这些系统需能有效抑制DER 单元对电能质量的负面影响，确保电子负载在面临暂态、跌落、谐波、瞬间中断等扰动时仍能稳定运行。随着电能服务质量与可靠性并重的发展趋势日益明显，电能质量问题不仅关乎用户体验，更将产生深远的经济影响。因此，深入研究并优化电能质量控制系统，对于提升微网的整体性能与经济效益具有重要意义。

（二）故障检测与保护技术

随着 DER 单元的广泛接入，微网系统的保护控制面临前所未有的挑战。与常规电力系统相比，微网中的保护控制对象更加复杂多样，控制方法和策略也需进行相应调整。例如，除了传统的过压和欠压保护外，IEEE 1547 标准还为分布式电源制定了包括反孤岛保护、低频保护等一系列特殊保护功能，以确保微网在各种故障情况下的安全稳定运行。然而，这些特殊保护功能的实现，对故障检测与保护控制系统的要求也更高。

在微网系统中，潮流可能呈现双向流通的特点，这与常规电力系统的单向潮流有着显著区别。同时，随着微网系统结构和所连接 DG 单元数量的变化，故障电流级别也会发生显著变化。这使得传统的继电保护设备可能无法适应微网系统的保护需求，甚至可能误动或拒动，导致设备损坏或系统故障扩大。因此，研发能够在完全不同于常规保护模式下运行的故障检测与保护技术，成为微网技术发展的重要方向。

新的故障检测与保护技术需要能够准确识别微网中的各种故障类型，快速响应并切除故障部分，同时确保非故障部分的正常运行。此外，该技术还需具备自适应能力，能够根据微网系统的结构和运行状态动态调整保护策略，以确保在各种工况下都能提供有效的保护。

（三）通信技术

微网的运行依赖各 DER 单元之间的紧密协作与信息共享。为了实现这一目标，必须建立高效、可靠的通信系统，确保配网级、微网级、单元级各控制器间能够实时、准确地传递信息。由于 DER 单元以电力电子器件为接口，其特性与常规同步机存在显著差异，这对通信技术的可靠性和速度提出了更高要求。

通信技术不仅关乎微网系统的运行效率与稳定性，还直接影响到微网能否提供更快、更精准的辅助服务。然而，在响应特性不同的设备间建立稳定、高效的通信连接，成为网关技术面临的一大挑战。为了满足微网系统对通信技术的需求，必须研发低消耗、高性能、标准型的网关设备，并推动通信协议的标准化进程。这将有助于降低通信成本、提高通信效率，为微网的智能化、自动化运行提供有力支撑。

（四）微网系统的规划设计

微网系统的规划设计是确保其高效、稳定运行的关键环节。这一过程中，需要综合考虑网络结构的优化设计、DER 单元类型、容量、位置的选择与确定等多个方面。首先，应根据微网系统安置处的负荷特性和可利用能源资源情况，合理规划网络结构，确保能量传输的高效与可靠。其次，需根据设备的响应特性、效率、安装费用以及控制方法等因素，优化确定 DER 单元的类型、容量和位置。

在微网系统的规划设计中，DER 单元的配置策略尤为重要。不同于常规发电单元，DER 单元的配置需充分考虑其灵活性和多样性特点，以实现整个系统效益的最大化。例如，在日照强度较高的地区，可适当增加太阳能电池板的容量；在热能需求量较大的地区，则可选用热电联产的微型燃气轮机和燃料电池等高效能源转换设备。此外，还需以满足微网中负荷需求所需供电量的年运行费用最小为目标，综合考虑多种天气类型的影响，利用优化规划方法确定出微网中各单元的数量和容量、与主网间的能量交换合同以及系统的年运行计划。这将有助于确保微网系统在经济性、可靠性和安全性等方面达到最佳平衡状态。

（五）监控体系

为了能够与现有的电力系统实现无缝融合，微网的稳定运行依赖一个高效且协调的监控体系，该体系通过以下三个层级的控制系统之间的紧密协作来达成目标：首先是配网级层面，这一层级包括配电网控制器（Distribution Network Operator，DNO）和市场控制器（Market Operator，MO）。DNO 负责监控并管理包含一个或多个微网的广泛区域，确保电力供应的稳定与高效；而 MO 则专注于特定区域内的电力市场运作，实现电力资源的合理分配与交易。这两者作为微网上一层级的核心控制系统，共同承担着主网配网级别的调度与协调重任。

接下来是微网级层面，其核心是微网中央控制器（Micro-grid Central Controller，MCC）。MCC 扮演着桥梁的角色，一方面与上层的 DNO 和 MO 进行信息交换，接收指令并反馈微网运行状态；另一方面，它与下层的各个就地控制器（Local Controllers，LCs）保持通信，传达调度指令并收集实时数据。MCC 的存在确保了微网与主网之间的顺畅交互，以及微网内部各组成部分的有效协调。

最后是单元级层面，这一层级由各个分布式能源资源（Distributed Energy Resources，DER）单元和/或可控负荷的就地控制器组成。LCs 负责直接控制其管辖范围内的 DER 单元和负荷，通过调节系统电压和频率等关键参数，确保微网系统的稳定运行和高效利用。

根据 MCC 与 LCs 之间决策方式的不同，上述监控系统的控制方式被进一步细分为集中式控制和分散式控制两种模式。集中式控制模式借鉴了常规电力系统的分层控制思想，具有较高的可行性和易实现性，因此成为当前研究的主流方向。在集中式控制模式下，微网系统由 MCC 进行统一优化管理，协调各层级控制系统之间的运作，实现经济调度等功能，旨在通过优化 DER 单元的发电量和与主网之间的功率交换，使微网得到最大化的利用。

相比之下，分散式控制模式则更加注重微网内部 DER 单元和负荷的自治性，追求更高的灵活性和适应性。在这一模式下，各 LCs 基于本地收集的信息，并与其他控制器及上层控制器进行信息交互后，独立进行决策。多代理系统（Multi – Agent System，MAS）作为开发分散式微网控制的一个重要候选方案，通过为供能、需求、电力系统和微网中央控制器等关键环节开发专门的智能体，实现了微网内部各组成部分之间的智能协同与自治管理。

（六）运行管理

微网作为新型电力系统的重要组成部分，其运行方式、电力市场及能源政策的适应性、DER 单元的类型与渗透率、负荷特性及电能质量约束等方面，均与常规电力系统存在显著差异。因此，为确保微网系统的安全性、稳定性、可靠性以及高效经济运行，必须对微网系统内部各 DER 单元间、单个微网与主网间，乃至多个微网间的运行调度和能量优化管理进行深入研究，并制定出科学合理的控制策略。

在并网运行状态下，微网与主网的相互作用成为关键。这既受到市场政策的影响，也取决于微网的运行策略。一种策略是微网优先利用内部 DER 单元满足网内负荷需求，仅在必要时从主网吸收功率，而不向主网输出功率。另一种策略则是微网积极参与开放的电力市场，与主网实现功率的自由交换，不仅DER 单元参与竞价，需求侧也可参与市场活动。此外，在孤岛运行模式下，微网的运行状况与其内部 DER 单元的特性、负荷特性及电能质量要求紧密相连。由于微网对扰动的承受能力相对较弱，特别是在 DER 单元渗透率较高时，对储能子系统进行有效的能量管理与控制显得尤为重要。这有助于平抑可再生能源的能量波动、负荷需求波动，从而维护系统的稳定运行。

微网的运行控制与能量优化管理策略需综合考虑多方面的因素，包括当地的热电需求、气候状况、电价、燃料消耗、电能质量要求、泵售/零售服务需求、需求侧管理要求以及电网拥塞水平等。通过综合这些信息，可以制定出决策方案，实现以下功能：为每个 DER 单元控制器提供精确的功率和电压设定点；确保热电负荷需求得到满足；履行微网与主网间的运行合同；降低运行成本与系统网损；提高 DER 单元的运行效率；以及为微网故障情况下的孤岛运行与重合闸提供逻辑控制方法。

（七）辅助服务

微网控制领域的一个显著优势在于其提供辅助服务的能力。根据市场政策的不同，微网向主网提供的服务可分为两种类型。在不允许微网向主网提供能量的情况下，微网可以作为一个可控的负荷来运行，通过调整负荷量和功率因数来为主网提供支持。这种控制方式在主网系统处于重载时尤为重要，能够有效缓解电网压力。

　　而在允许微网向主网提供能量并参与电力市场的情况下，微网所能提供的服务则更加丰富多样。例如，实时频率稳定调节、功率平衡（负荷跟踪）、电压稳定调节、长短期各种备用能力、黑启动以及网络稳定性等。在开放的市场政策下，由于微网位于负荷区域且 DER 单元的响应速度远快于常规电机，因此微网能够比常规电站提供更快速、更优质的服务。这不仅有助于提升电力系统的整体稳定性和可靠性，还能为电力市场的健康发展注入新的活力。

（八）相关标准与规范的演进

　　在常规的电力系统框架下，当主网系统遭遇故障导致电压或频率出现偏移时，通常的做法是迅速将分布式电源从主网系统中切断。这一做法严格遵循了 IEEE 制定的分布式电源联网标准 IEEE P1547，该标准要求一旦电力系统发生故障，分布式电源必须立即停止运行，以便按照传统方式处理故障问题。然而，这种简单的处理方式不仅限制了分布式电源效能的充分发挥，还可能因孤岛运行的分布式电源对线路维修人员构成安全隐患。鉴于微网技术的独特优势，人们开始探索利用微网特性来更有效地解决故障问题。因此，IEEE 正在积极研究并制定 IEEE P1547.4 标准，旨在将微网或包含分布式能源单元的孤岛系统纳入其中。该标准将为微网的设计、运行及集成提供多样化的方法和范例，推动微网技术的规范化发展。

（九）微网系统的建模仿真与性能评估

　　对微网进行深入的仿真研究，是确保系统在实际运行中具备安全性、稳定性及可靠性的关键步骤。这要求我们从两个层面进行建模：一是微网单元级建模，涉及对各种供热、供电、储能单元及其相关控制器的详细建模，包括各组成单元的数学模型、可再生能源 DER 单元的出力随机模型、储能单元的充放电控制策略等。其中，对可再生能源 DER 单元的能量预测尤为重要，它直接关系到微网系统的合理规划与可靠运行。二是微网系统级建模，由于微网中 DER 单元的特性与常规同步机存在显著差异，且监控系统的控制方式也不同于传统电力系统的分层控制，因此需要开发专门的微网系统级运行控制及能量优化管理软件。这些软件应涵盖可再生能源的能量预测、负荷需求预测、机组组合、经济调度、实时管理等功能，并特别关注电力电子变换器的控制策略。此外，微网系统的多样性（如电源、负荷的单相或三相性质，电路的三线制、四线制或五线制，以及接地方式的不同）导致了系统的不对称、不均衡问题，使得传统电力系统的分析方法在微网中并不完全适用。因此，还需开发一系列系统稳态和动态分析工具，用于性能仿真和评估，如潮流分析、动态电压控制、系统不平衡及不对称的预测与评估，以及不同组成单元间的动态交互对系统稳定性的影响等。

（十）微网系统的经济性评估与前景展望

微网通过就地供电，有效降低了输变电投资和网损，提高了供电可靠性，并结合技术创新和可再生能源的利用，减少了温室气体的排放。然而，微网也面临着 DER 单元发电成本较高的问题。系统经济性分析通常基于安装费用、运行与维修费用，以及为满足可靠性需求而投入的辅助设备费用、电能质量提升和污染物排放控制成本。但需要注意的是，这些成本并非一成不变，而是受到电力市场波动、当地燃料市场价格、负荷需求时段以及主网电能可靠性等多种因素的影响。因此，如何准确评估微网运行的经济效益，并提出系统性的评估方法，成了一个复杂且亟待解决的研究课题。

微网作为利用新型动力机械、发电技术、储能技术和电网控制技术为负荷供电的小型电力系统，其运行方式灵活多样，可与公用电网结合形成联合电力系统，实现并网运行和独立运行的自由切换，从而显著提高联合系统的供电可靠性和运行经济性。在无电地区，微网能够完全独立运行，为当地负荷提供稳定供电，产生显著的经济效益和社会效益。此外，大多数微网还具备环境兼容性和可持续发展的能力，对于推动可再生能源的开发和利用、促进电力工业的转型升级具有重要意义。因此，我们应加大微网技术的研究力度，加速其市场化进程，并不断完善相关政策法规体系，为微网的研究、推广和应用提供有力保障。

第四节　孤岛效应与反孤岛效应

一、孤岛效应简介

并网运行的分布式发电系统因其高效利用电能的优势而备受瞩目，但要实现其大规模应用，必须首先满足严格的并网技术要求，这是确保系统安装者安全及电网可靠运行的基石。孤岛效应作为并网技术中的关键问题之一，已引起国际能源机构等组织的广泛关注和深入研究。

孤岛效应，简而言之，就是当电网某部分因故障或维修而停电时，该停电区域却由并网发电装置继续供电,与周围负载共同形成一个自给自足的供电孤岛。这一现象的研究可从两个角度展开:反孤岛效应与利用孤岛效应。反孤岛效应旨在防止非计划的孤岛状态出现,因为这种未知状态的供电可能带来诸多不利后果,且随着分布式发电装置数量的增加,潜在风险也随之上升。传统的过/欠压、过/欠频保护已难以满足安全要求,因此,分布式发电装置需采用专门的反孤岛方案来规避风险。

利用孤岛效应则是有计划地让孤岛状态发生,即在电网故障或维修导致供电中断时,由分布式发电装置继续供电,以减少停电损失,提升供电质量和可靠性。尽管 IEEE Std. 1547.1 已明确规定了反孤岛测试电路和方法,但同时也将孤岛效应的合理利用视为未来研究的重点之一。当然,这要求分布式发电装置能精确控制电压和频率,确保其在标准范围内。

孤岛效应不仅可能发生在低压电网,当分布式发电装置数量众多时,高压配电网和输电网也可能受影响。尤其当孤岛被局部化且主变压器未包含在内时,后果可能尤为严重。孤岛效应的发生需满足两个充要条件:一是发电装置提供的有功功率与负载有功功率相匹配;二是发电装置提供的无功功率与负载无功功率相匹配,即相位平衡。

孤岛效应可能由多种原因引发,包括电网故障检测导致的网侧开关跳开、电网设备故障、维修中断、人为误操作或破坏,以及自然灾害等。其带来的不利影响包括电压和频率失控、重合闸时设备损坏、故障无法清除以及电击风险等。因此,禁止非计划孤岛效应的发生至关重要,而安全、可靠地向用户输送高质量电能则是最终目标。

为确保这一目标,分布式发电装置需具备反孤岛保护功能,即能在规定时间内(通常不超过两秒)检测到孤岛效应并立即停止运行。这可通过多种方式实现,如限制发电装置的最大发电量、通过反孤岛测试、设置逆功率流或最小功率流保护,以及采用主动式频移、压移、连锁跳闸或恒功率、恒功率因数励磁控制等反孤岛方案。这些措施的实施将有效保障电网的安全稳定运行,推动分布式发电系统的广泛应用。

二、孤岛效应的检测

(一)必须能够全面识别并检测出各种形态的孤岛系统

在分布式发电与电网的交互过程中,由于存在多个自动开关、熔断器等断开点,任何一点的断开都可能导致孤岛现象的产生。孤岛系统可能由各式各样的负载和分布式发电装置组合而成,其运行特性和电气参数可能大相径庭。因此,一个高效且可靠的反孤岛策略,必须具备全面识别并检测出所有潜在孤岛系统的能力。这要求反孤岛方案不仅要考虑常见的孤岛形态,还要能够应对复杂、多变的孤岛情况,确保在任何情况下都能准确、迅速地识别出孤岛系统。

(二)必须在严格规定的时间内有效检测到孤岛效应

孤岛效应的检测时间至关重要,它直接关系到分布式发电装置是否会在不同步的情况下进行重合闸操作。通常,自动开关在断开后会有 0.5～1 秒的延迟时间,然后尝试重新合上。为了确保电网的安全稳定运行,反孤岛方案必须在这个短暂的时间窗口内准确检测到孤岛效应,并及时使分布式发电装置停止运行。当前,已经涌现出多种反孤岛方案,部分方案已经在实际应用中得到了验证,或被集成到并网逆变器的控制系统中。然而,在选择和实施反孤岛方案时,必须充分考虑分布式发电装置的具体工作特性。

分布式发电装置根据其工作原理和电气特性,可以分为以下几类:

1. 同步发电机

同步发电机通常连接到主馈电线,其功率容量可达 30MW 甚至更高。由于同步发电机具有强大的自我维持能力,因此孤岛效应对其影响较小。然而,正因为其容量庞大,反孤岛方案的选择和实施受到了一定限制。同步发电机的反孤岛保护被视为一项重要且艰巨的任务,需要综合考虑多种因素来制定有效的保护策略。

2. 异步发电机

异步发电机同样常连接到主馈电线,其容量也相对较大,通常在 10～20MW 之间。与同步发电机不同的是,异步发电机需要电网提供无功功率来支持其运行。因此,在正常情况下,异步发电机无法独立维持孤岛运行。然而,如果孤岛系统内部能够提供足够的无功功率支持,异步发电机有可能发生自激励现象,从而进入孤岛运行模式。值得注意的是,异步发电机自激励时频率接近 50Hz 的情况较为罕见。因此,可以通过频率继电器等装置来检测自激励状态,进而实现反孤岛保护。

3. 并网逆变器

并网逆变器是分布式发电中较为常见的一种装置,其输出功率相对较小,通常连接在低压备用馈电线上。由于并网逆变器与局部负载之间容易形成孤岛系统，因此对其反孤岛保护的要求尤为严格。幸运的是，基于微处理器的并网逆变器可以在其控制策略中集成孤岛效应的检测和控制功能。这使得针对并网逆变器的反孤岛方案更加灵活、多样。目前研究出的多种反孤岛方案大多针对并网逆变器而设计，旨在通过精确的检测和控制手段来确保电网的安全稳定运行。

根据分布式发电装置的工作原理和电气特性，反孤岛方案可以大致分为两类：基于通信的反孤岛策略和局部反孤岛策略。基于通信的反孤岛策略通过实时监测电网状态和分布式发电装置的运行情况，利用通信手段实现信息的快速传递和共享，从而实现对孤岛效应的及时检测和响应。这种策略适用于同步发电机和并网逆变器等多种类型的分布式发电装置。而局部反孤岛策略则主要依赖对电网电气参数的实时监测和分析，通过比较孤岛前后电气参数的变化来判断是否存在孤岛效应。其中，阻抗测量方案和电压变动方案是较为常用的两种局部反孤岛策略，它们在一定程度上也适用于同步发电机的反孤岛保护。

三、反孤岛效应的策略

（一）基于通信的反孤岛策略

1. 连锁跳闸方案

连锁跳闸方案作为一种高效的反孤岛策略，其核心在于全面监控电网中所有可能引发孤岛效应的断路器或自动开关的实时状态。一旦某个关键开关动作，导致分布式发电系统与主电网的连接被切断，中央控制单元便会迅速介入，通过综合分析各监控点的信息，精确锁定孤岛区域，并立即发出指令，中止该区域内所有分布式发电装置的运行。

在简单系统中，若分布式发电装置通过少量自动开关与固定拓扑结构的变电站相连，连锁跳闸方案可大幅简化。此时，状态信号可直接从每个监控点（如自动开关或断路器）传输至分布式发电装置，无须中央控制单元的介入。然而，在复杂系统中，随着自动开关数量的增加和馈电线拓扑结构的动态变化，连锁跳闸方案的实施难度也随之提升。为确保方案的可靠性，需全面监控分布式发电装置与变电站之间的所有开关和断路器状态，并考虑拓扑结构变化对监控路径的影响。因此，在拓扑结构可能发生变化的情况下，中央控制单元成为不可或缺的部分，它需实时更新电网拓扑信息，以确保方案的准确执行。此外，连锁跳闸方案对通信系统的依赖性极高，无论是无线电通信还是电话线通信，都必须保证信号的连续性和稳定性。任何信号中断都可能被误判为相关开关的跳开，从而影响方案的准确性。因此，在无线电信号覆盖不足或电话线无法到达的区域，连锁跳闸方案的实施将受到限制。

2. 电力线载波通信方案

电力线载波通信方案则利用现有的电力线作为信号传输的媒介，实现分布式发电装置与中央控制单元之间的信息交换。该方案通过安装信号发送器，在电力线上连续发送特定频率的信号。每个分布式发电装置都配备有信号监测器，负责实时接收并解析这些信号。一旦监测器无法接收到信号（通常是断路器跳开导致信号传输路径中断），便立即判断系统处于孤岛状态，并触发分布式发电装置的停机保护机制。

电力线载波通信方案在分布式发电装置数量较多的电网中表现出色。它仅需一个信号发生器即可覆盖整个电网，实现全面的孤岛检测。同时，连续的信号发送机制也大大提高了方案的可靠性。由于该方案不依赖电网的拓扑结构，因此无须考虑馈电线的变化对监控效果的影响。此外，发送的信号对电网的正常运行无干扰，对输出电能质量和系统的暂态响应也没有负面影响。

然而，电力线载波通信方案也面临一些挑战。首先是成本问题。信号发生器作为中压装置，在安装时需要配备降压变压器，并需安装在电网（或变电站）的合适位置。对于少量分布式发电装置而言，这一成本可能较高，难以评估其经济效益。其次是信号干扰问题。电力线上可能存在其他通信信号，如自动读表装置等，这些信号可能与载波信号产生干扰，影响方案的准确性。因此，在实施电力线载波通信方案时，需充分考虑这些因素，并采取有效措施加以应对。

（二）基于同步发电机的反孤岛策略

1. 基于频率的被动式反孤岛方案

在同步发电机的被动式反孤岛策略中，基于频率的继电器方案无疑是最广泛应用的。当电网保持连接状态时，系统的频率通常维持在一个相对稳定的范围内。然而，一旦电网发生跳闸，若系统中的功率不匹配情况较为严重，系统的频率便会发生显著变化。因此，通过精确监测频率的变化幅度及其变化率，我们可以有效地判断孤岛效应是否已经发生。

目前，市场上存在多种基于频率的继电器，其中主要包括频率继电器、频率变化率继电器以及矢量偏移继电器。频率继电器主要依据同步发电机端电压的频率变化来作为判断依据，当频率偏离正常范围时，便会触发报警或停机机制。而频率变化率继电器则更加先进，它不仅关注频率的绝对值，还密切关注频率的变化速度。一旦频率变化率超出预设的阈值范围，同步发电机便会立即停止运行。这种继电器通常被安装在 60Hz 的电网中，其阈值范围设定在 0.10～1.20Hz/s。值得一提的是，频率变化率继电器还具备一项重要特性，即基于最小端电压的阻断功能。当端电压低于设定的工作范围下限时，继电器会自动阻断跳闸信号的发出，从而有效避免发电机在启动期间或短路期间因频率变化而误触发保护机制。

矢量偏移继电器则是通过测量电压波形与参考波形之间的相位偏移来进行判断。由于相位偏移实际上是频率的间接反映，因此矢量偏移继电器在性能上与频率继电器具有诸多相似之处。

基于频率的继电器在同步发电机的孤岛效应检测中展现出了极高的可行性和可靠性。特别是在功率不匹配情况较为严重的情况下，这种方案更是简单而有效。然而，研究也表明，频率继电器的检测范围相对有限，存在不可检测的区域。当功率不匹配程度较轻时，继电器可能无法提供足够的保护。因此，在实际应用中，我们需要综合考虑系统的具体情况和需求，选择最合适的反孤岛方案。

2. 其他被动式反孤岛方案

除了基于频率的继电器外，还有许多其他基于系统参数的继电器也可以用于孤岛效应的检测。其中，电压继电器是最为常用的一种。电压继电器主要依赖孤岛系统中无功功率的不匹配来进行工作。当分布式发电装置输出的无功功率与负载需求的无功功率之间存在较大差异时，系统的电压便会发生相应的变化。具体来说，当分布式发电装置输出的无功功率大于负载需求时，系统电压会上升；反之，当输出的无功功率小于负载需求时，系统电压则会下降。此外，通过精确测量分布式发电装置输出端的电压变化率，我们也可以对孤岛状况进行有效的判断。

值得注意的是，电压继电器在分布式发电系统中还具备其他重要的保护功能，如防止过电压等。因此，在大多数分布式发电系统中，电压继电器都是必不可少的组成部分。在不增加额外成本的前提下，电压继电器可以为我们提供有效的反孤岛保护。

尽管目前对于电压继电器在孤岛效应检测方面的性能研究还相对较少，但我们可以肯定的是，系统中电压的变化速度要远远快于频率的变化。这是因为电压的改变并不受"机械惯性"的影响，因此电压继电器在响应速度上具有显著优势。然而，为了降低电网的功率损耗，配电系统中通常只存在少量的无功功率不匹配。这意味着在孤岛效应发生时，相应的电压变化可能会非常微小。同时，系统中的其他扰动也可能导致电压发生波动，从而增加了电压继电器误判的风险。因此，虽然电压继电器在反孤岛保护中具有一定的辅助作用，但它并不能作为主要的保护装置来使用。在实际应用中，我们需要结合系统的具体情况和需求，选择多种保护方案进行综合考虑和配置。

3. 主动式方案

（1）阻抗测量方案

阻抗测量方案作为主动式反孤岛策略的一种，其核心在于通过向电网注入特定的扰动信号，并测量同步发电机输出端的系统阻抗变化来检测孤岛效应。正常情况下，由于电网的阻抗远小于负载阻抗，因此当同步发电机与电网相连时，所测得的系统阻抗值会非常小。然而，一旦电网跳闸，同步发电机将独自为负载供电，此时测量的阻抗值会显著增大。通过连续监控这一阻抗变化，我们可以有效检测孤岛效应的发生。

然而，实施阻抗测量方案并非易事。首先，准确测量系统阻抗需要向电网注入精心设计的扰动信号，并确保这些信号能够充分反映系统阻抗的变化。其次，尽管该方案在孤岛系统中功率不匹配的大小对其检测性能无显著影响，但当系统中存在多台同步发电机时，各发电机注入的扰动信号可能会相互干扰，产生稀释效应，从而降低方案的有效性。再次，每台同步发电机都需要配备专门的扰动发电机，这无疑增加了方案的实施成本。最后，在负载具有频率响应的情况下，扰动参数可能无法充分影响被测参数，导致方案无法准确检测孤岛效应。

为了克服这些挑战，我们需要对阻抗测量方案进行进一步的优化和改进。例如，可以研究如何设计更加精准的扰动信号，以减少稀释效应的影响；同时，也可以探索更加高效的阻抗测量方法，以降低实施成本并提高测量准确性。

（2）发电机端电压变动方案

发电机端电压变动方案是阻抗测量方案的一种变体，它通过测量同步发电机端电压变化引起的无功功率流变化来检测孤岛效应。在并网运行模式下，由于电网的存在，同步发电机输出无功功率的变动会相对较小。而在孤岛运行模式下，由于系统阻抗的变化，同步发电机输出无功功率的变动会显著增大。因此，我们可以通过让同步发电机的自动电压调节器产生微小的电压变动，并监控同步发电机输出无功功率的变化来判断孤岛状况。

与阻抗测量方案相比，发电机端电压变动方案具有更高的实用性。它仅需要通过改变同步发电机的励磁即可实现，无须额外的扰动发电机和设备。然而，该方案同样存在一些挑战和限制。首先，它可能比被动式方案更复杂，因为它需要精确控制电压变动并监控无功功率的变化。其次，电压变动可能会带来一些副作用，如电能质量下降和转子振动等。最后，与阻抗测量方案一样，当系统中存在多台同步发电机时，稀释效应仍然是一个需要解决的问题。

为了提高发电机端电压变动方案的可靠性和准确性，我们可以考虑采用更加先进的控制算法和监测技术。例如，可以研究如何优化电压变动的幅度和频率，以减少对电能质量和转子振动的影响；同时，也可以探索更加高效的监测方法，以准确捕捉无功功率的变化并判断孤岛状况。此外，对于连接有多台同步发电机的系统，我们还可以研究如何协调各发电机的电压变动策略，以减少稀释效应的影响并提高方案的可靠性。

（三）基于并网逆变器的反孤岛策略

并网逆变器系统与同步发电机系统在控制策略上的差异导致了它们在检测孤岛效应时所采用的方案各不相同。并网逆变器通常连接在低压电网中，其容量范围广泛，从几百瓦到几兆瓦不等。由于并网逆变器系统的特殊性，它通常采用局部反孤岛策略，并需严格遵守一系列要求：首先，必须满足并网标准的相关规定；其次，保护功能需集成在并网逆变器的控制系统中，而非依赖外部的保护继电器；最后，还必须对并网逆变器的反孤岛保护功能进行严格测试，以确保其有效性和可靠性。

并网逆变器系统的反孤岛策略大致可以分为四类：并网逆变器侧的被动式反孤岛方案、并网逆变器侧的主动式反孤岛方案、电网侧的被动式与主动式反孤岛方案，以及基于通信的反孤岛方案。其中，并网逆变器侧的被动式方案主要通过检测公共耦合点处电压的异常来判断孤岛效应的发生；主动式方案则通过引入扰动信号，并监测相应系统参数的变化来识别孤岛状态。电网侧的被动式方案依赖频率和电压保护继电器来确保电网参数不超出正常范围，而主动式方案则通过制造电压异常来检测孤岛效应。此外，基于通信的方案也作为一种有效的反孤岛策略被广泛研究和应用。

然而，实际应用中，并网逆变器的反孤岛策略的有效性可能会受到多种因素的影响，特别是当系统中连接有多台并网逆变器时，检测灵敏度的稀释效应尤为显著。因此，在选择和设计反孤岛方案时，必须综合考虑各种方案的优缺点，并寻求最优的组合策略。为了充分消除不可检测区域，网侧反孤岛方案，尤其是阻抗插入方案，成为一种重要的选择。

阻抗插入方案通过在电网中可能形成孤岛的区域安装低阻抗元件（如电容器组）来实现反孤岛功能。当电网侧开关跳开时，经过一段短暂的延迟后，插入开关闭合，将电容器组接入电网。如果电网跳闸前局部负载与逆变器输出功率相匹配，那么附加的大电容将打破这种能量平衡状态，导致电流－电压相位的突变和频率的急剧下降，从而触发欠频保护，实现孤岛效应的检测。

阻抗插入方案具有诸多优点，如检测效果显著、电容器组易获取且可进行无功补偿等。然而，它也存在一些不容忽视的缺点。首先，电容器组的增加使得并网逆变器的经济成本上升，可能使得该方案在经济上变得不可行。其次，当电网中存在多个串联开关时，每个开关处都可能形成孤岛系统，这意味着需要为每个开关配备一个电容器组，大大增加了实施的复杂性和成本。此外，由于电容器组的投入需要一定的延迟时间，因此该方案的响应速度相对较慢，可能无法满足并网标准对检测时间的严格要求。最后，将电容器组安装在电网侧也增加了安装的难度和对电网的潜在影响。因此，在实际应用中需要综合考虑这些因素，权衡利弊，选择最适合的反孤岛方案。

第三章　智能电网中的信息与通信技术

第一节　智能电网的通信系统架构

一、智能电网中的互联网协议

智能电网的通信系统呈现出分层的特点，并且其架构与传统的信息与通信技术网络存在显著差异。这种分层设计有助于实现不同层级间的信息高效传输与管理。其中，高可用性的网络作为智能电网通信系统的最小单元，被广泛部署在用户侧。它连接着各种智能设备，如个人计算机、娱乐设备、安全装置、智能家电以及智能仪表等，为用户的日常生活提供了极大的便利。

在更广泛的范围内，建筑区域网络整合了建筑管理系统、供暖通风与空气调节系统、本地发电机和存储单元等资源，实现了建筑内部的智能化管理。而工业区域网络则聚焦于机械工业自动化系统，为工业生产提供了强大支持。这些网络层级的划分，使得智能电网能够更高效地管理和控制各类设备，提升整体系统的运行效率。

特别值得一提的是，用户侧的智能仪表在智能电网中扮演着至关重要的角色，它是高级计量架构（Advanced Metering Infrastructure，AMI）的重要组成部分。通过智能仪表，用户可以实时了解自己的用电情况，实现节能减排。同时，多个 AMI 系统在社区层面通过互联形成邻域网，进一步聚合家庭局域网络的数据流量，为电网的精细化管理提供了有力支撑。

在更宏观层面，多个邻域网又通过场域网进行聚合，连接了分布式能源、配电自动化系统以及变电站网络，实现了电网的全面监控与管理。而整个通信架构的最顶层——广域网，则将所有分离独立的网络互联起来，为集中式控制中心如 AMI 数据中心、电网调度中心、应用服务器中心等提供了可靠的通信连接。

在智能电网设计中，互联网协议（Internet Protocol，IP）发挥着举足轻重的作用。它是实现智能电网端到端互联及互操作的关键协议之一，为电网的智能化管理提供了有力保障。通过 IP 协议，智能电网能够实现对各种设备的可控性、网络可见性、传感器的可寻址性、自动化以及分布式能源的控制，甚至可以通过 IP 端到端连接来控制 AMI 内的能量发生器、智能仪表和恒温器，实现电网的精细化管理和优化运行。

IP 协议的引入，使得智能电网应用得以独立于物理媒体和数据链路通信技术，大大降低了上层应用的开发复杂度，并保证了系统的互操作性。同时，IP 协议还提供了良好的可扩展性，这是集成数百万设备的智能电网网络所必须具备的重要特性。

然而，IP 协议当前也面临着一些问题，其中最为突出的是 IPv4 寻址范围的不足。为了解决这一问题，需要引入 IPv6 路由协议的支持。然而，这与传感器网络的当前技术以及家庭自动化技术所追求的专有寻址方案存在一定的矛盾。为了协调这一矛盾，互联网工程任务组（Internet Engineering Task Force，IETF）已经设计了多种适配层，包括 IPv6 报头压缩、邻近对象发现优化等功能，以确保各种有线和无线通信技术能够顺利支持 IPv6。

二、基于 IPv6 的低功耗无线网络及低功耗有损网络路由协议

基于 IPv6 的低功耗无线个域网（6LoWPAN）是互联网工程任务组定义的一种开放式标准，其核心目标是确保基于 6LoWPAN 的不同应用间能够实现互操作性。6LoWPAN 最初是为 IEEE802.15.4 的物理层/媒体访问控制层提供一个适配层，并定义了实现基于 IPv6 通信传输所需的优化方案。这一标准的提出，为低功耗无线设备接入互联网提供了有力支持。

除了 IEEE802.15.4 之外，6LoWPANs 的适配层还被 Wave2M、IEEP1901.2、低功耗蓝牙等多种技术采纳，进一步拓展了其应用范围。这使得 6LoWPANs 成为部署基于 IP 的无线传感器网络和扩展全球不同设备间端到端互联的一个必要标准。

在 6LoWPANs 的应用中，IPv6 组播地址压缩、基于 IPv6 的邻近对象发现优化以及低功耗链路路由协议等需求受到了广泛关注。其中，低功耗链路的默认路由协议是低功耗有损网络路由协议（Routing Protocol for LLNs，RPL），由 IETF 的低功耗有损网络路由工作组定义。RPL 是为低功耗有损网络设计的基于 IPv6 的距离矢量路由协议，它能够结合多种指标选择出最佳路径，确保数据的可靠传输。

距离矢量协议不仅能够针对一个物理网络创建逻辑拓扑，还能够根据流量服务质量以及特定图形创建的各种约束进行路径选择。这使得 RPL 在网状网中发挥了重要作用，因为多条路径的选择对端到端吞吐量和延迟有着直接影响。通过 RPL 协议的应用，6LoWPANs 能够实现对低功耗设备的有效管理，提升网络的整体性和可靠性。

三、新形势下智能电网信息系统的全面构建策略

面对智能电网日益复杂的信息需求，构建高效、安全、可靠的信息系统成为当务之急。新形势下，在智能电网信息系统的构建过程中，需从信息采集、处理、集成、分析、显示以及信息安全等多个维度入手，确保信息系统的全面性和实用性。

信息采集与处理是信息系统的基石。为了实现详尽、实时的数据采集，需要构建完善的数据采集系统，实现智能电子设备资源的动态共享，并确保数据的精确对时。这一环节不仅要求技术上的先进性，还需要考虑实际应用的便捷性和稳定性，确保采集的数据能够准确反映智能电网的运行状态。

信息集成则是智能电网信息管理的一大亮点。它要求实现纵向产业链信息与电网信息的深度融合，以及横向各级电网企业信息的无缝对接。通过信息集成，可以打破信息孤岛，实现资源的优化配置，为智能电网的智能化决策提供有力支持。

在信息分析环节，需对采集、处理、集成后的数据进行深入挖掘和业务分析。这不仅有助于发现智能电网运行中的潜在问题，还能为智能电网的优化升级提供科学依据。信息分析应紧密结合智能电网的实际业务需求，确保分析结果的实用性和针对性。

信息显示则是与用户群体直接交互的重要环节。为了提供个性化的可视界面，需要充分考虑用户的实际需求和体验，设计简洁、直观、易用的显示界面。同时，还应注重界面的美观性和交互性，提升用户的使用体验。

信息安全是信息系统构建过程中不可忽视的一环。随着智能电网的不断发展，信息安全问题日益凸显。为了确保电力信息资源的安全和电力网络的经济利益，需要明确各个利益主体的权限和保密程度，并加强安全防护技术的应用。通过构建完善的安全防护体系，确保信息系统的稳定运行和数据的安全传输。

四、5G 网络组网架构的深入剖析与优化策略

随着国民经济的持续发展和人民群众对能源服务需求的不断提升，打造安全、高效的智能电网系统已成为当务之急。而网络作为支撑智能电网发展的重要基础设施，其性能和稳定性直接关系到智能电网的运行效果。然而，随着配网自动化、低压集抄、分布式能源接入等业务的快速发展，现有网络已无法满足智能电网的业务发展需求。因此，引入 5G 网络成为解决这一问题的关键。

5G 网络以其更宽的频谱、更灵活高效的空中接口技术及超大规模天线等优势，为智能电网提供了更为强大的通信支撑。然而，由于 5G 的频段更高，信号传播损耗大、信道变化快、绕射能力差等问题也随之而来。因此，在构建5G 网络时，需要充分考虑这些因素，合理架构网络，确保网络的稳定性和可靠性。

根据第三代合作伙伴计划标准化组织的定义，5G 网络架构分为非独立组网和独立组网两种模式。在实际应用中，应根据智能电网的具体需求和实际情况选择合适的组网模式。

对于非独立组网模式，其发展可分为三个阶段。在初期阶段，应充分利用现有 4G 基础设施，通过改造 4G 网络或新建 5G 基站进行网络补充，逐步实现4G 网络向 5G 网络的转变。在中期阶段，应升级 4G 基站为增强型 4G 基站，同时支持 5G 基站信息接入，并共享 5G 核心网。在长期阶段，随着 5G 网络成为主要商用网络，增强型 4G 网络应逐步退出，但仍需与 5G 网络保持互联互通。

对于独立组网模式，其发展则可分为两个阶段。在初期阶段，应新建 5G 基站和 5G 核心网，并与 4G 网络相互独立运行。在长期阶段，随着 5G 网络成为主要商用网络，应通过双连接等方式实现 4G/5G 融合组网，进一步提升网络的性能和稳定性。

在构建 5G 网络时，还需充分考虑智能电网的具体业务需求和网络环境特点。通过优化网络架构、提升网络性能、加强安全防护等措施，确保 5G 网络能够满足智能电网的业务发展需求，为智能电网的智能化、高效化运行提供有力支撑。

（一）5G 网络组网方案及部署建议的深化探讨

从长期规划的角度看，以及考虑到应用标准化的需求，采用新建 5G 基站并接入 5G 核心网的独立组网方式，被业界广泛认为是 5G 网络的目标架构。

这种架构不仅适用于5G网络部署的整个生命周期，而且能够确保网络的持续演进和升级。然而，我们也必须认识到，同步部署5G基站和5G核心网的组网方式，在建设初期会面临较高的成本挑战。特别是在5G网络覆盖尚不完善的情况下，单独依赖5G网络难以实现全面、连续的覆盖，这可能会影响用户的体验和业务的连续性。

因此，在实际部署中，我们需要采取一种更为经济、实用的策略。充分利用已经成熟且广泛应用的4G网络架构，将其作为5G网络的有效补充，是5G网络部署初期的一种明智选择。这种策略不仅可以避免电力企业等用户的前期投资浪费，而且能够在较短的周期内快速部署5G网络应用，满足用户对高速、低时延、大容量网络的需求。

（二）非独立组网5G网络在智能电网中的深化应用架构

5G网络的商用，为智能电网的发展带来了前所未有的机遇。它满足了智能电网对移动无线网络在安全性、可靠性、低延时等方面的严格要求。采用非独立组网架构的5G网络，不仅融合了现有4G网络的优势，如广泛的覆盖、稳定的性能等，还具备了5G网络特有的高速率、低时延、海量连接等特征。

在智能电网的通信网部署中，光纤通道和无线网络是主要的通信方式。采用非独立组网架构的5G网络，可以巧妙地利用现有3G/4G终端及光纤通道进行网络升级。这种升级方式不仅可以避免电力企业的前期投资浪费，而且能够在短周期内实现5G网络在智能电网中的应用。在保障网络安全的前提下，非独立组网5G网络能够满足智能电网在输电、变电、配电及用电等各个环节的差异化业务需求，有力推动了智能电网的智能化和信息化发展进程。

（三）5G智能电网业务应用的深化拓展

1. 变电站智能化巡检的全面提升

利用5G网络的高速率、低时延特性，结合巡检机器人和站内视频监控的应用，我们可以对变电站的运行状态、负荷情况进行更为实时、准确的监视。业务流将各变电站的巡视视频、图片集中到监控云平台，通过AI技术进行智能识别和分析，提取出变电站的故障检测状态、运行状态、开关状态等关键信息，并及时反馈给变电站运维人员。这样不仅可以实现变电站的无人值守和远方集中实时监控，还可以大大扩大变电站运维人员的巡检范围，提高巡检效率。

2. 分布式能源通信的智能化升级

5G 网络的大容量接入和高带宽特性，为分布式能源设备的运行数据、气象环境数据等信息的实时采集提供了有力支持。结合大数据建模分析技术，我们可以实现远程诊断、设备预试、资产全周期管理、智能运维等多种功能。同时，利用网络切片和边缘计算技术，我们可以实现生产控制大区设备的生产控制功能，满足调度系统对安全隔离和低时延的严格要求。在对生产实时数据和气象环境进行大数据深度分析的基础上，我们还可以研究分布式能源的智能控制策略，实现生产发电的优化。

3. 输电线路无人机巡检的高效实施

结合边缘计算应用，5G 网络可以综合承载无人机飞行控制及图像、视频等信息，并与就近的 5G 基站进行连接。在 5G 基站部署边缘计算服务，可以实现视频、图片、飞行控制信息的本地卸载并直接回传至控制台。这样可以确保通信时延在毫秒级以内，通信带宽在兆比特/秒以上。同时，利用 5G 网络的高速移动切换特性，我们还可以确保无人机在相邻基站快速切换时业务的连续性，从而大大扩大巡线范围，提高巡线效率。

4. 配网差动保护的精准实施

配网差动保护对采集设备端到端网络时延和网络授时精度有着严格的要求。传统的 4G 网络无法满足这些要求，而 5G 网络则能够大大改善配网运行状态。配电终端可以利用 5G 网络的低时延、高精度网络授时特性来比较两端或多端同时刻的电流值。当电流值超过门限值时，通过对故障的精确定位和隔离以及快速切换备用线路，我们可以将停电时间由小时缩短至数秒甚至更短。

5. 计量采集应用的智能化提升

结合 5G 网络的应用，我们可以智能电能表为基础开展更为深入和全面的计量采集工作。通过远程抄表、负荷监测、线损分析、电能质量监测、停电时间统计等功能，我们可以满足智能用电和个性化用户服务的需求。同时，通过建设用能服务系统并采集用户数据进行智能分析，我们还可以为用户的能效管理服务提供有力支持。对于家庭用户而言，通过居民家庭能源管理系统实现关键用电信息、电价信息与居民的共享，可以进一步优化营商环境并提升用户的满意度和忠诚度。

第二节　智能电网中的有线通信

一、智能电网中通信工程数据传输技术的特点分析

（一）产品轻量化：迈向高效与环保的新纪元

随着科技的飞速进步，智能电网中的通信数据传输设备正逐步向轻量化方向发展。这一转变不仅极大地提升了设备的便携性，使得设备的安装与拆卸变得更加简便快捷，而且显著降低了生产成本，为智能电网通信工程的持续发展注入了强大的资金动力。轻量化设计的实现，得益于新材料与新技术的不断涌现。例如，碳纤维复合材料的广泛应用，以其轻质高强的特性，成功替代了传统的金属材料，既减轻了设备重量，又保持了甚至提升了设备的整体强度和耐久性。

轻量化设备在智能电网通信工程中的应用，其优势不言而喻。首先，在偏远或地形复杂的地区，轻量化设备因其便于搬运和安装，大大降低了安装和维护的人力成本，提高了工作效率。其次，轻量化设计使得设备更能适应各种恶劣环境，如高温、潮湿等，从而提高了通信系统的可靠性和稳定性。最后，轻量化还有助于降低运输和安装过程中的能耗，减少碳排放，与当前的绿色、可持续发展理念相契合。

（二）功能多样化：满足用户多元化需求

网络信息技术的飞速发展，为通信系统的功能拓展提供了无限可能。在智能电网通信工程中，这一技术的应用不仅极大地丰富了通信系统的功能体系，还使得这些功能在实际应用中更加灵活多变，能够精准满足用户日益多样化的需求。在高效的数据处理器支持下，通信系统能够迅速、准确地处理海量的数据信息，使得数据线缆的利用率得到显著提升。

数据传递效率的提升，是网络信息技术应用带来的又一显著优势。高速的数据传输能力，不仅极大地缩短了信息传递的时间，降低了因数据延迟或丢失而可能带来的风险，还进一步提升了网络平台的使用质量。对于企业用户而言，这种高效、稳定的数据传输能够显著提升工作效率，降低运营成本；对于个人用户而言，则能够带来更加流畅、便捷的通信体验，增强对通信系统的信任度和依赖度。

二、智能电网通信工程中有线传输技术分析

（一）双绞线电缆技术：智能电网通信的基石

双绞线电缆在智能电网通信工程中的应用极为广泛，是数字信号与模拟信号传输的重要基础。在智能电网的建设过程中，无论是数字信号的传输还是模拟信号的传输，都离不开双绞线电缆的支持。双绞线电缆主要分为非屏蔽双绞线与屏蔽双绞线两种类型。

非屏蔽双绞线与屏蔽双绞线在结构上存在显著差异。非屏蔽双绞线主要由四对不同颜色的线对组成，每对线对都通过一定的方式绞合在一起，以减少电磁干扰和信号衰减。而屏蔽双绞线则在此基础上增加了金属屏蔽层，进一步降低了电磁辐射和外界干扰，提高了信号的传输质量和速度。

尽管屏蔽双绞线在性能上优于非屏蔽双绞线，但其应用成本也相对较高，施工过程也相对复杂。因此，在实际应用中，需要根据具体的通信需求、环境条件以及成本预算等因素，合理选择双绞线电缆的类型和规格。通过科学合理的选择和应用，双绞线电缆技术将为智能电网通信工程提供稳定、高效的通信支持。

1. 双绞线的特征解析

双绞线作为一种重要的传输介质，其性能特征受到多种因素的影响，主要包括导线直径、含铜量、导线单位长度绕数以及屏蔽措施等。这些因素共同决定了双绞线的传输速率和传输距离，从而影响着其在不同应用场景下的表现。

（1）导线直径的详细影响

导线直径，即铜导线的横截面直径，是影响双绞线传输能力的重要因素之一。一般来说，导线直径越大，其传输信号的衰减就越小，传输能力也就越强。这是因为较大的导线直径能够承载更多的电流，从而减小信号在传输过程中的损失。同时，较大的直径也有助于提高双绞线的抗拉强度和耐用性。

（2）含铜量的重要性

含铜量是双绞线性能的另一个关键指标。含铜量越高，导线的导电性能就越好，传输能力也就越强。这是因为铜是一种优良的导体，具有高导电性和低电阻率。因此，在选择双绞线时，我们可以通过观察导线的柔软程度来大致判断其含铜量。越柔软的导线往往含铜量越高，传输性能也就越优越。

（3）导线单位长度绕数的意义

导线单位长度绕数表示导线在单位长度内螺旋缠绕的紧密程度。这一指标对于双绞线的抗干扰能力至关重要。单位长度内的绕数越多，双绞线对外部电磁干扰的抵消作用就越强，从而保证了信号的稳定传输。因此，在选择双绞线时，我们应该关注其单位长度绕数这一指标，以确保其具有良好的抗干扰性能。

（4）屏蔽措施的作用与选择

屏蔽措施是双绞线抗干扰能力的又一重要保障。根据是否带有金属封条的屏蔽层，双绞线可以分为非屏蔽双绞线和屏蔽双绞线两种类型。理论上，屏蔽双绞线由于具有金属屏蔽层，其传输性能应该更好。然而，在实际应用中，屏蔽双绞线的安装要求较高，且如果金属屏蔽层的接地不良，其性能甚至可能不如非屏蔽双绞线。因此，在选择双绞线时，我们需要根据具体的应用场景和需求来权衡屏蔽措施的重要性和可行性。

2. 双绞线分类与标准发展

双绞线根据其所支持的频率和信噪比等性能指标，可以被分为多种规格型号，如一类线、二类线、三类线等，直至七类线。这些不同类型的双绞线在传输速率、传输距离以及抗干扰能力等方面存在差异，因此适用于不同的应用场景。随着技术的不断发展，双绞线的标准也在不断更新和完善，以满足日益增长的传输需求。

3. 双绞线的优点

双绞线具有成本低、易于安装等优点，这使得它在各种传输介质中占据了重要地位。同时，由于在世界范围内已经安装了大量的双绞线，它们对于接入网的建设产生了巨大影响。在短时间内全部替换这些双绞线的可能性几乎不存在，因此双绞线在传输领域具有不可替代的地位。

4. 双绞线的应用场景

（1）ISDN 的应用

在窄带 ISDN 中，基本速率接口（Basic Rate Interface，BRI）和基群速率接口（Primary Rate Interface，PRI）常使用双绞线作为传输介质。BRI 提供 2B + D 的接入速率，而 PRI 则提供更高的接入速率。由于 ISDN 可以利用原先的电话线路作为接入线路，因此双绞线在 ISDN 接入网中发挥了重要作用。

（2）XDSL 的多样化解决方案

基于数字用户线路（Digital Subscriber Line，DSL）技术的接入网解决方案多种多样，如 ADSL、SDSL、VDSL 等。这些技术共同的特点是通过调制和编码技术在双绞线上实现数字传输，从而达到较高的接入速率。不同的 DSL 技术在通信距离、传输对称性、最高速率以及使用双绞线对数等方面存在差异，因此它们适用于不同的应用场景和需求。

（3）以太网的广泛应用与优势

以太网作为一种重要的网络技术，在工业自动化、智能电网等领域得到了广泛应用。它增强了工业级运行能力，能够灵活适应室外复杂环境，并满足 IEC 61850 电力规范等高标准要求。以太网的技术优势包括环境适应性强、环网保护功能完善、传输距离远、网络管理能力强、安全性高以及服务质量好等。这些优势使得以太网在配电网业务区分、大型城市光纤链路传输以及终端集中管理和配置等方面具有显著优势。

然而，以太网也存在一些难点和不足，如造价高昂、网络规模受限以及网络结构受限等。这些不足限制了以太网在某些特定场景下的应用，并促使人们探索与其他技术混合组网的可能性，以充分发挥各种技术的优势并降低整体成本。

（二）光纤有线传输技术

1. 光纤的结构及其重要性

光纤的结构设计精妙且功能强大，尽管它与同轴电缆在外观上有一定的相似性，但光纤并不包含网状屏蔽层。光纤的核心部分是由石英玻璃制成的双层同心圆柱体，其横截面积极小，这使得光线能够在其中进行高效的传输。然而，由于光纤的质地脆且易断裂，因此必须在其外部添加一层保护涂层以增强其耐用性。此外，光纤还被一层折射率较低的玻璃封套所包围，这有助于将光线紧密地束缚在光纤内部，减少光线的泄漏。最外层则是一层薄薄的塑料外套，它为光纤提供了额外的保护，防止其受到外界环境的损害。在实际应用中，光纤通常被扎成束状，并由护套进行整体保护，以确保其在各种环境下的稳定性和可靠性。

国际电信联盟和国际电工委员会对光纤的几何尺寸、传输性能和测量方法制定了严格的技术规范，以确保光纤产品的质量和性能达到行业标准。目前，市场上常用的光纤材料主要包括二氧化硅或硅酸盐玻璃，其中石英光纤、塑料光纤和卤化物光纤是最为常见的几种类型。这些光纤材料的选择和结构设计都旨在优化光纤的传输性能，满足不同应用场景的需求。

2. 光的传播特性及其影响

光作为一种电磁能量，在空气中的传播速度恒定，约为 $3 \times 10^8 \mathrm{m/s}$。这一特性使得光波在传播过程中能够保持稳定的速度和方向，为光纤传输提供了可靠的基础。光在均匀介质中沿直线传播，但当光从一种介质进入另一种介质时，其传播速度和方向会发生改变，即发生折射现象。这一特性在光纤传输中至关重要，因为它决定了光线在光纤中的传播路径和损耗情况。

当光从光疏介质（如空气）进入光密介质（如光纤的纤芯）时，电磁波速度会降低，光线向法线方向折射；相反，当光从光密介质进入光疏介质时，电磁波速度提高，光线偏离法线方向折射。这一折射现象是光纤传输中光信号损失和色散的主要原因之一。因此，在设计光纤时，需要充分考虑介质的折射率和光线的折射特性，以确保光信号在光纤中的稳定传输。

3. 光线在光纤中的传播机制与影响因素

光纤作为一种工作在光频的介质波导，其传输性能取决于光纤的结构参数和传播特性。光纤波导通常是圆柱形结构，由纤芯和包层两部分组成。纤芯是光线传输的主要通道，而包层则用于减少散射损耗和增加光纤的机械强度。光线在光纤中的传播方式主要取决于光纤的传播和折射率分布。当光线进入光纤时，它会在纤芯与包层的界面处发生反射和折射，从而沿着光纤轴方向传播。

光纤的约束光波能力取决于其结构参数，如纤芯的直径、折射率的分布等。这些参数将决定光信号在光纤中传播时所受到的影响，包括传输损耗、色散、非线性效应等。因此，在设计光纤时，需要精确控制这些结构参数，以确保光纤的传输性能达到最佳状态。

阶跃折射率光纤和梯度折射率光纤是两种常见的光纤类型。阶跃折射率光纤的纤芯折射率是均匀的，而在纤芯与包层的界面处有一个折射率突变（或阶跃）。这种光纤结构简单，易于制造，但在某些应用场景下可能会产生较大的色散。梯度折射率光纤的折射率则是从光纤中心向外的径向距离的函数而渐变，这种设计有助于减小色散，提高光纤的传输性能。在实际应用中，选择哪种类型的光纤取决于具体的应用场景和需求。

4. 光纤的分类及其特点

在光纤技术领域中，"模"这一概念简洁地描述了光在光纤中的传播路径。若仅有一条光路沿光缆传输，我们称之为单模光纤；若存在多条光路，则称为多模光纤。不论是阶跃型折射率光纤还是梯度型折射率光纤，它们均可根据光的传播模式被划分为单模和多模两大类。接下来，我们将详细探讨单模光纤与多模光纤的各自特点。

（1）单模阶跃型光纤的独特优势

单模阶跃型光纤以其极小的色散特性而著称，这是因为光在其中几乎沿着同一条路径传播，且各光线具有相同的轴向速度。这一特性使得系统能够彻底消除模间色散的干扰，从而特别适用于高速率、长距离的光纤通信系统。此外，在接收端，单模阶跃型光纤能够高度精确地还原光信号，因此它相较于其他类型的光纤，拥有更宽广的可用带宽以及更高的传输速率。

（2）多模阶跃型光纤的显著优点

多模阶跃型光纤在制造成本上更为经济，且生产工艺相对简单。由于其具有较大的射入孔径，使得光耦合过程变得更为容易。这些特性使得多模阶跃型光纤在某些特定应用场景中，如短距离通信或低成本解决方案中，具有不可替代的优势。

（3）多模渐变型光纤的独到之处

除了单模和多模阶跃型光纤外，还有一种性能介于两者之间的多模渐变型光纤。这种光纤在光的耦合方面比单模阶跃型光纤更为容易，但相较于多模阶跃型光纤则稍显困难。由于光在其中沿着多条路径传播，因此其色散特性介于单模和多模阶跃型光纤之间。在制造难度上，多模渐变型光纤较单模阶跃型光纤为低，但相较于多模阶跃型光纤则略高，这种光纤的独特性能使其在某些特定应用中具有独特的优势。

5. 光纤的损耗及其影响因素

传输损耗是衡量光纤性能的重要指标之一，它直接关系到光能在传输过程中的衰减程度，进而影响系统的带宽、传输速率、有效性以及整体通信能力。光纤的损耗主要由以下几种因素造成：

（1）吸收损耗

光纤中的吸收损耗与金属电缆中的功率损耗类似，主要由杂质吸收光能并转化为热能所引起。具体而言，紫外吸收源于硅材料中的价电子被光电离；红外吸收则是由于玻璃纤芯中的原子吸收光子后产生无规则的机械振动，即热能；离子谐振吸收则与光纤制造过程中渗入的水分子以及铁、铜、铬等金属离子有关。

（2）瑞利散射（材料散射）损耗

在光纤的制造过程中，玻璃经过热压拉伸成细长的光纤时，会处于一种既非液态也非固态的可塑状态。此时，作用在其上的拉力会导致玻璃内部产生亚微观的形变，并永久地固化在光纤中。当光沿光纤传播时，遇到这些不规则的地方会发生散射，部分散射光会折射入包层，从而造成光能的损失，即瑞利散射损耗。

（3）辐射损耗

辐射损耗主要由光纤的微小弯曲和缺陷引起。弯曲可分为微弯曲和固定曲率半径弯曲两种形式。微弯曲是由于纤芯与包层材料之间热收缩率不同而造成的，它会导致光纤中产生瑞利散射的间断点；固定曲率半径弯曲则是在光纤成缆或安装过程中发生的弯曲。这些弯曲和缺陷会导致光能的辐射损失。

（4）连接器损耗

光纤的连接器损耗主要发生在光源与光纤、光纤与光纤以及光纤与光电检波器之间的连接处。连接没对准是造成连接损耗的主要原因，具体包括横向位移、连接位移、连接间隙、倾斜位移以及截面不平整等情况。这些对准问题会导致光能在连接处发生泄漏或反射，从而降低光信号的传输效率。

6. 光纤的色散

（1）材料色散

材料色散，作为光纤传输中一种重要的色散类型，其根源在于光纤材料的折射率随光波长的变化而变化。这种折射率与波长的依赖关系，导致不同波长的光在光纤中传播时具有不同的传播速度，进而在接收端产生时间延迟，形成色度畸变。对于单模波导和 LED 系统而言，材料色散的影响尤为显著。这是因为 LED 的发射频谱相对较宽，包含了多种不同波长的光，这些光在光纤中传播时，由于材料色散的作用，会各自以不同的速度前进，最终导致接收的信号发生畸变。为了减小材料色散的影响，通常需要选择折射率随波长变化较小的光纤材料，或者采用单色光源进行传输。

（2）波导色散

波导色散是另一种光纤传输中的色散类型，它主要发生在多模光纤中。当一个光脉冲进入多模光纤后，其能量会被分散到多种导波模上。这些不同的模式由于具有不同的传播常数和群时延，会在不同的时刻到达光纤的另一端，从而导致光脉冲的展宽。然而，在多模光纤中，波导色散的影响通常小于材料色散，因此在某些情况下可以被忽略。但在设计多模光纤时，仍然需要考虑波导色散的影响，以确保光纤的传输性能满足应用需求。

（3）偏振模色散

偏振模色散是光纤传输中一种较为复杂的色散类型，它主要由光纤本身的缺陷和外部因素导致。光纤的缺陷，如纤芯的几何形状不规则、内部应力不均匀等，以及外部因素如弯曲、扭曲、挤压等，都会导致光纤中产生双折射现象。双折射的存在使得光信号中的不同偏振状态具有不同的传播速度，从而导致脉冲的展宽。偏振模色散对长途大容量光纤链路的影响尤为严重，因为它会导致信号质量的严重下降。为了减小偏振模色散的影响，通常需要采用特殊的光纤设计和制造技术，以及先进的偏振模色散补偿技术。

（4）模间色散

模间色散是另一种光纤传输信号劣化的重要原因。它主要发生在多模光纤中，由于在同一频率点上不同模式具有不同的群时延而产生的。模式阶数越高，与光纤轴线之间的夹角越大，因此其轴向群速率就越慢。这种模式之间的群速率差导致了群时延差，进而产生模间色散。模间色散会导致信号在传输过程中发生畸变，降低信号的传输质量。为了减小模间色散的影响，通常需要采用低模间色散的光纤设计，或者通过优化光纤的几何结构和材料来降低不同模式之间的群速率差。此外，在光纤传输系统中还可以采用模间色散补偿技术来进一步提高信号的传输质量。

（三）同轴电缆传输技术

同轴电缆传输技术，作为现代通信技术的重要组成部分，以其独特的结构和性能优势，在多个领域得到了广泛应用。该技术通过采用铜线作为芯线，并用同轴铜管包裹，有效保证了传输的稳定性和抗干扰能力，从而提升了数据传输的有效性和可靠性。

1. 同轴电缆的特点

（1）足够宽的频谱

同轴电缆的频谱宽度极高，可达吉赫兹级别，这一特性使其相较于双绞线，在提供视频传输或宽带接入业务方面具有显著优势。同时，通过调制和复用技术，同轴电缆能够支持多信道传输，进一步提升了其传输能力。

（2）强大的抗干扰性能

同轴电缆的误码率极低，这得益于其独特的同轴结构，能够有效屏蔽外界干扰信号。然而，其抗干扰能力也受到屏蔽层接地质量的影响，因此在实际应用中需特别注意接地处理。

（3）高性价比

尽管同轴电缆的成本略高于双绞线，但其传输性能却远超双绞线。考虑到其出色的传输效果和相对合理的成本，同轴电缆的性价比仍然十分理想，是许多通信场景中的优选方案。

（4）安装复杂度较高

同轴电缆的安装过程相对复杂，这主要是由于其铜导体较粗，通常需要焊接与连接件相连。然而，随着技术的不断进步和安装工艺的优化，这一难题也在逐渐得到解决。

2. 同轴电缆的应用场景

（1）局域网构建

在局域网构建中，同轴电缆仍占据重要地位。许多生产年份较早的网卡均同时提供连接同轴电缆和双绞线的接口，以满足不同场景下的传输需求。

（2）局间中继线路连接

同轴电缆在电话通信网中也被广泛应用，特别是在局端设备之间的连接中。其稳定的传输性能和抗干扰能力，为电话通信的顺畅进行提供了有力保障。

（3）有线电视信号传输

直接与用户电视机相连的电视电缆多采用同轴电缆。无论是模拟传输还是数字传输，同轴电缆都能胜任。在传输电视信号时，通过调制和频分复用技术，声音和视频信号可以在不同的信道上分别传送，达到高效、清晰的传输效果。

（4）射频信号传输

在通信设备中，同轴电缆也常被用作射频信号线。特别是在基站设备中，功率放大器与天线之间的连接线通常采用同轴电缆。对于这类用于射频信号传输的同轴电缆，屏蔽层接地的要求更为严格，以确保传输的稳定性和准确性。

（四）架空明线传输技术

架空明线传输技术是一种通过电线杆的合理布置来架设导线，作为通信通道的技术。这种技术的信道频率特性使得线路低端的位置间距最大，而线径间距和线缆尺寸则对最高端的具体布局产生重要影响。然而，架空明线传输技术受限于其传输距离和速率，主要满足近距离的传真、电报等传输需求。在现代通信技术快速发展背景下，架空明线传输技术已逐渐被其他更先进、更高效的传输技术所取代。

（五）绞合电缆传输技术

绞合电缆，统称平衡电缆，其低频对称电缆的频带相对较窄，因此一个信道中通常只能传输一路电话。而高频对称电缆中的双绞线则分为屏蔽和非屏蔽两种类型。虽然屏蔽双绞线的价格较高且重量较大，应用范围有限，但从长远发展趋势来看，绞合电缆传输技术仍具有广阔的发展前景。随着技术的不断进步和成本的逐渐降低，绞合电缆有望在更多领域发挥重要作用，为现代通信技术的发展贡献更大力量。

三、智能电网通信工程中有线传输技术的应用

有线传输技术在智能电网通信工程中的两种应用形式主要是本地传输和长途传输。

（一）本地传输

本地传输作为有线传输的重要组成部分，在信息传递和数据传输方面发挥着至关重要的作用。通过全方位的网络模式，本地有线传输能够高效整合城市数据，提供便捷、高效的信息服务。其自动更新和升级的特性，更是为本地骨干线网的管理带来了极大便利。

在本地骨干线网中，有线传输技术不仅满足了人们的日常通信需求，还通过提供高性价比的服务，提升了用户体验。同时，这一技术的应用也极大地推动了我国智能电网通信工程的持续发展，为电力行业的数字化转型奠定了坚实基础。

针对骨干通信网，它作为通信网络的核心部分，承载着大量的数据和信息。随着通信接入业务的不断增长，对骨干通信网的功能和性能也提出了更高要求。为了满足这些需求，我们需要对骨干通信网进行技术改造和升级。

在下联接口方面，为了满足与 EPON 通信接入网的无缝连接，骨干通信网应提供标准 SDH 接口和以太网接口，以支持多种业务的接入和传输。同时，通过双节点互联的方式，确保通信接入网业务的可靠上传至主站系统。

在多业务承载方面，骨干通信网需要针对配电自动化系统、用电信息采集、电能质量检测、视频信息等不同业务特性，制定相应的部署方案。通过采用小型化、高集成度的 WDM 设备，以及 SDH 不同电路和 VLAN 划分等方式，实现业务的物理隔离和逻辑隔离，确保业务的稳定可靠传输。

此外，冗余保护和网络备份也是骨干通信网不可或缺的功能。通过自愈功能和下联接口的主备通道设计，实现网络的双路保护，提高网络的可靠性和稳定性。

在延时和带宽方面，骨干通信网需要满足相应标准规范限定的延时要求，并确保足够的带宽以支持通信接入网业务的顺畅传输。对于 EPON 网络的手拉

手保护方式，骨干通信网应确保 OLT 之间的倒换时延满足业务时延要求，同时根据业务需求预留足够的带宽。

（二）长途传输

随着技术的不断进步和社会的发展需求，有线传输技术在长途干线网中的应用也日益广泛。长途干线网作为连接各地区、各国家的重要通信枢纽，其传输的数据量巨大且信息种类复杂多样。

有线传输技术的应用为长途干线网带来了显著的带宽提升和传输效率提高。通过减少中间传输环节和优化网络结构，长途干线网的机动灵活性和数据传输稳定性得到了显著提升。这不仅满足了人们对长途干线中信息传输的高要求，还为跨地区、跨国界的信息共享和数据融合提供了有力支撑。

然而，随着信息量的不断激增和传输距离的延长，长途干线网也面临着诸多挑战。如何进一步提高传输带宽、降低传输损耗、增强网络可靠性和安全性，成为当前长途干线网发展中的关键问题。为此，我们需要不断探索新的有线传输技术，优化网络结构，加强网络管理和维护，以确保长途干线网的稳定、高效运行。同时，还需要加强与其他通信技术的融合与创新，共同推动通信行业的持续发展。

四、智能电网通信工程中有线传输技术改进

（一）跨地域光缆通信

随着社会经济的快速发展，传统传输技术在数据传导效率和距离上已难以满足当前需求。特别是在地方电网不断升级和优化的背景下，传统线缆材料需向自动化、智能化方向转型，并加强实时化监控系统的建设。跨地域光缆通信作为一种高效、稳定的传输方式，能够显著提升数据传输的效率和距离，为智能电网的通信工程提供有力支撑。

通过应用跨地域光缆通信，我们可以进一步完善数据传输环境，解决长距离传输中的信号衰减、干扰等问题。同时，结合现代科技手段，如物联网、大数据等，将智能化、自动化技术融入智能电网的通信工程中，不仅提升了传输的可靠性，还增强了电网系统的整体安全性。在具体实施中，应充分考虑地方电网系统的实际需求和特点，制定科学合理的传输方案，确保跨地域光缆通信技术的有效应用。

跨地域光缆通信技术的改进，不仅优化了数据传输环境，还拓展了智能电

网通信工程的覆盖范围，为实现远程监控、智能调度等高级功能提供了可能。这将有助于提升电网的运维效率，降低运维成本，为地方经济的持续发展提供有力保障。

（二）全面推动网络信息化的全要素发展

在智能电网通信工程发展过程中，网络信息化的全要素发展至关重要。通过加强有线传输技术的应用，我们可以提升数据传输的可靠性和稳定性，进而增强人们对有线传输技术的信任。在具体实践中，商场等场所应根据自身情况，制定智能电网通信工程的建设计划，并结合客流量、实际功能、防火区域等因素，提供合适的自动化消防系统。

智能电网通信计算机的应用为消防报警系统提供了强大的数据传输平台。通过有线传输系统导入数据，消防系统能够自动启动并判断火灾风险。同时，计算机平台还可以对传输的数据进行智能化分析，及时发现潜在的安全隐患，并通过有线传输系统将指令传回系统，以便及时启动自动消防系统。这种网络信息化的应用方式，不仅提高了通信数据的可控性，还丰富了有线传输技术的应用范围。

为了全面推动网络信息化的全要素发展，我们还应加强有线传输技术与云计算、大数据等先进技术的融合，提升数据传输的智能化水平。同时，通过加强技术研发和人才培养，不断提升有线传输技术的创新能力和竞争力，为智能电网通信工程的发展提供有力支撑。

（三）智能电网通信工程有线传输线路优化

智能电网通信中进行设备连接的基本介质包括光纤和电缆，这是保障信号传输工作的基础线路。因此，在进行智能电网通信工程技术升级时，我们必须高度重视线路的优化工作。以光纤有线传输技术的改进为例，如果中心局没有对业务区域进行特别准确的划分，我们应围绕设备构成特点进行通信线路的具体布置。

在布置过程中，应确保两局之间的电路和电路调度工作由核心层负责，以便实现有线信号的有效传输和稳定传输。同时，我们还应考虑业务辖区的长期规划，确保智能电网通信运营部门在选择信号传输线路时具有足够的灵活性。这样不仅可以满足工程建设需求，降低经济成本，还可以确保智能电网通信的信号传输线路处于最佳运行状态。

工程线路的优化工作不仅涉及中心局对业务辖区的清晰划分，还包括对SDH传输网络结构的优化。通过合理划分业务辖区和优化网络结构，我们可以为有线传输技术奠定坚实基础，提升信号传输的稳定性和安全性。这将有助于智能电网通信工程的长期发展，为地方经济的繁荣和社会的进步提供有力支撑。

第三节　智能电网中的无线通信

一、无线通信技术的概念及其在智能电网中的重要性

智能电网，作为现代电力系统的重要组成部分，通过自动控制和先进通信技术的深度融合，实现了电网运行的高效率、高可靠性和高安全性。在这一复杂而庞大的系统中，通信的可靠性和及时性成了决定电网整体性能和安全性的核心要素。然而，在实际运行过程中，通信设备故障、通信容量瓶颈以及自然灾害等不可抗因素，都可能对通信系统造成干扰甚至中断，进而对电力系统的在线监测、故障诊断和快速保护产生严重影响。因此，选择并应用适宜的通信技术，确保通信设备的安全稳定运行，对于维护电网的正常运转具有举足轻重的意义。

相较于传统电网，智能电网凭借其全自动连续运转、信息集中化管理和精确监控用户用电行为等显著优势，实现了电源分配的高效合理和电价测量的精准计费，极大地提升了电网运行的经济性和可靠性。为了实现这些功能，智能电网必须构建一个全双工、全数字化且具备高时效性的通信网络，以确保网管中心与各类网络设施设备之间能够实时、准确地交换数据信息。在此背景下，无线通信技术以其独特的优势脱颖而出，成为推动电力产业结构升级优化、满足智能电网发展需求的关键力量。

无线通信技术是在有线通信技术基础上发展而来的，它突破了地域环境的限制，通过简化通信模块组合方式，提高了通信网络的工作效率，在智能电网中发挥着不可替代的作用。与有线通信技术相比，无线通信技术在成本、建设周期、灵活性以及可扩展性等方面均展现出明显优势。它不仅能够实现对电网关键设备的实时有效监控，使电网系统能够更主动、更及时地应对各种变化，还助力构建了一个高度可靠、具备自我修复能力的智能电网体系。

二、智能电网中无线通信技术的显著优势

首先，无线通信技术以其广泛的覆盖范围，确保了智能电网建设不受线路布局的限制。用户只需在网络覆盖区域内，即可随时随地接入网络，享受便捷的服务。特别是 WiFi 技术的广泛应用，实现了信号范围内的全网络覆盖，为智能电网的普及和深化应用提供了有力支撑。同时，蓝牙技术也凭借其强大的设备间信息交互能力，满足了智能电网设备间复杂多样的通信需求。

其次，无线通信技术以其高速的信息传输能力，在智能用电管理、远距离抄表作业等关键环节中发挥了重要作用。通过无线方式传输文件、图片、数字视频等多媒体信息，不仅突破了网络空间的限制，还实现了高效、稳定的传输效果，极大地提高了电力系统的工作效率和服务质量。

最后，无线通信技术的灵活组网能力也是其显著优势之一。它无须铺设线缆或导体，即可实现节点间的通信传输，为移动设备、便携设备等提供了便捷的无线网络通信支持。根据实际需求，网络可以灵活划分为广域网、局域网、城域网等不同类型，并通过建立统一的传输协议，确保各网络间能够安全、规范地传递信息。这种灵活的组网方式不仅降低了智能电网的建设成本和网络通信成本，还为电网的智能化、网络化发展提供了无限可能。

三、智能电网中无线通信的实际应用

（一）在电网监控中的深度应用与细化

智能电网的复杂结构和施工工艺对其安全运行构成了严峻挑战。为确保电网的稳定运行，无线通信网络在电网监控中发挥着至关重要的作用。从发电环节开始，无线通信就监视着逆变设备等关键组件，如太阳能发电中的光伏逆变器，通过无线监测实时掌握并网发电系统的运行状态，为故障的快速定位与处理提供了有力支持。采集器被广泛应用于收集各类发电设备的参数，通过对发电系统各项数据指标的全面评估，结合通信网络及时反馈的告警信息和控制指令，实现了对发电设备的远程监控与智能操作。

在电网沿线，故障指示器的巧妙布置使得电缆温度、电流等关键信息得以被单片机及时处理，并通过移动网络迅速传输至监控平台。平台根据这些信息发出的控制指令，能够迅速实现故障的精准处理或隔离，有效缩短了故障响应时间，提升了电网的可靠性和稳定性。

变电、配电及用电环节同样受益于无线通信技术的广泛应用。在变电环节，无线监视技术能够实时监测变电设备的运行状况和周围环境，一旦发现异常便立即告警并启动应急措施，将潜在危害降至最低。配电网络中，无线通信使得柱上指标的监控变得轻松易行，电流、电压等关键数据与设定安全阈值的比较为配电管理提供了科学依据。而在用电环节，智能电表通过其通信接口将数据实时传递至采集器，再经由无线网络传输至数据中心服务器，为用户用电情况的监控提供了全面且准确的数据支持。

（二）在用电服务中的创新应用与拓展

智能电网的用电服务在无线通信技术的助力下实现了质的飞跃。电能监测管理功能的实现，使得远程抄表、巡检报警以及用户自助查询耗电量等需求得以轻松满足。实时计费方式的采用，不仅避免了峰值用电给电网带来的压力，还通过无线通信将用电设备与智能电表紧密相连，实现了对用户用电需求的精准分析与合理判断。在此基础上，智能电网能够在用电低谷时段为设备充电，既保证了电网的稳定供电，又降低了用户的用电成本。

随着电力行业信息化的深入发展，智能电网开始配备各种无线终端进行现场用电管理。这些终端能够与电网控制中心实时通信，获取网络状态信息，从而引导用户合理用电，实现节能减排等特殊用电管理需求。在城市道路照明用电方面，无线设备的应用使得路灯能够根据道路状况自动调节亮度，避免了不必要的电能浪费。在区域用电管理上，无线设备则能够单向增加传输电压和功率，确保区域供电的平稳与可靠。

此外，无线通信技术的广泛应用还极大地降低了智能电网的用电管理成本。工作人员无须亲临现场进行抄表等工作，而是能够根据实时用电情况进行电力资源的远程调控，提高了工作效率，降低了运营成本。

（三）在业务开展中的广泛应用与融合

随着科技的飞速发展，智能家居、智能城市等新兴领域对无线通信技术的依赖日益加深。在智能电网的业务开展中，无线通信技术不仅完成了信号传输的基本任务，还在频谱资源有限的情况下实现了频谱的动态识别与高效利用，有效降低了频谱租赁成本。

面对频谱接入设备和网络的不断增多，以及无执照频谱用户的涌现，认知无线电和动态频谱接入技术为智能电网提供了新的无线服务解决方案。这些技术能够在频谱资源紧张的情况下进行频谱感测、聚合及访问，确保电网业务信息的可靠传输。在智能家居建设中，智能网关、智能插座等先进设备通过无线网络与空调、冰箱等电器相连，实现了对电器能耗的实时监测与科学管理。用户可以根据电费信息、电网负荷等实时数据调整电器的使用状态，从而达到节能减排的目的。

在智慧城市建设背景下，无线通信技术更是发挥了举足轻重的作用。通过无线设备对电网负荷压力的实时监测，可以合理调节装置的充放电状态，既保证了电网的安全运行，又提高了能源利用率。这种智能化的管理方式不仅提升了城市的管理水平，还为城市的可持续发展注入了新的动力。

无线通信技术在智能电网的全生命周期中发挥着不可或缺的作用。从电网监控到用电服务，再到业务开展，无线通信技术的广泛应用不仅提升了智能电网的智能化水平，还为其安全可靠、高效经济的运行提供了有力保障。随着技术的不断进步和应用的不断深化，无线通信技术必将在智能电网中得到更加广泛的应用和更加深入的发展。

四、基于智能电网的无线通信技术应用发展

（一）技术应用限制及其应对策略

无线通信技术在提升智能电网的实用性、安全性方面发挥着重要作用，然而，在实际应用过程中，该技术也面临着一些不可忽视的限制和挑战。

在恶劣的环境条件下，如雷电、高温等极端天气，无线通信信号容易受到干扰，导致通信受阻、传输效率低下。为了应对这一问题，我们可以采用抗干扰性能更强的通信设备，如采用具有高灵敏度、高稳定性的天线和接收器，以及加强设备的防雷、防高温设计，确保在恶劣环境下也能保持稳定的通信连接。

此外，智能电网的数据采集和分析过程通常依赖基站传感器和终端计算机。然而，由于目前基站及终端尚未达到完全物联化的要求，数据需要上传至数据中心才能进行深入分析。为了缩短数据处理周期，提高实时性，我们可以考虑在基站或终端设备上集成更强大的数据处理能力，实现数据的初步筛选和预处理，减少上传至数据中心的数据量。

同时，智能电网在大量配备无线设备时，能量储备不足成为一个亟待解决的问题。为了延长无线设备的使用寿命，我们可以研发更高效的能源管理系统，如采用低功耗设计、能量回收技术等，降低设备的能耗。此外，还可以探索新的能源供应方式，如太阳能、风能等可再生能源的应用，为无线设备提供持续稳定的能源支持。

在通信可靠性方面，无线设备相较于有线设备存在更高的安全要求。为了确保电网计费、数据传输等关键业务的安全性，我们必须加强网络安全防护设计。这包括采用先进的加密技术、建立严格的访问控制机制、定期更新安全策略等，以防止数据泄露、网络攻击等安全风险的发生。

（二）未来发展方向及创新探索

针对智能电网的数据采集、控制等设备，我们应持续扩展其无线通信功能，构建更加稳定的通信网络。通过优化通信协议、提高信号覆盖范围、增强传输速率等措施，确保电网各节点之间能够高效、可靠地传输信息。

在电网信息通道建设方面，我们应加快内、外网络的建设步伐。内部网络主要用于开展设备检修、视频监控等管理活动，而外部网络则负责承载电网生产、运行等关键信息。通过形成二元结构，我们可以实现信息的分类传输和管理，提高通信效率和安全性。

对于智能电网配备的无线基站，我们应进一步丰富其功能模块，实现多种功能的集成。例如，通过搭载信息处理模块，实现数据的实时处理和分析；通过配备电源管理模块，提供稳定可靠的能源供应；通过集成照明、视频会议等功能模块，满足多样化的业务需求。

在保证智能电网数据安全方面，我们应不断引入和创新安全技术。除了加强物理隔离、设置防火墙等基本防护措施外，我们还应积极探索新的安全技术，如量子加密、区块链等前沿技术的应用，为电网通信提供更加强大的安全保障。

无线通信技术在智能电网中具有广泛的应用前景和巨大的潜力。为了充分发挥其技术优势并克服实际应用中的限制，我们需要不断创新探索，加强技术研发和应用实践，推动智能电网的高速发展和智能化转型。

第四章 智能电网中的储能技术

第一节 储能技术概述

一、储能技术相关基础

（一）机械储能

1. 抽水蓄能

抽水蓄能电站，作为一种技术高度成熟、经济可行的调峰与储能电源，展现出了其在电力系统中的独特优势。在电力需求低谷时段，抽水蓄能电站利用过剩电能驱动水泵，将水体提升至高位水库，从而将难以即时消耗的电能转化为水的势能储存起来。而当电力需求攀升至高峰时，高位水库中的水便通过水力发电机释放，重新转换为系统急需的电能。这种灵活的能量转换机制，不仅有效缓解了电网的峰谷矛盾，还显著优化了电力系统的电源结构，降低了整体的投资与运营成本。

抽水蓄能电站的益处远不止于此。它能够将低谷时段的廉价电能转化为高峰时段的高价值电能，实现电能的时空转移与价值提升。同时，抽水蓄能电站还具备出色的调频、调相能力，能够稳定电力系统的频率与电压，提升电网的整体稳定性。在电网遭遇严重故障时，抽水蓄能电站还能作为黑启动电源，迅速恢复电网的供电，展现出了其强大的应急响应与恢复能力。此外，抽水蓄能电站还能作为事故备用电源，提高火电厂与核电站的运行效率，降低能耗，进一步提升了电力系统的可靠性与经济性。

2. 压缩空气储能

压缩空气储能系统，则是基于燃气轮机技术而发展出的一种高效能量存储方案。该系统通过压缩机将空气压缩至高压状态，并储存于专门的储气室中。在需要释放能量时，高压空气被送入燃烧室，与燃料混合后燃烧加热，形成高温高压的燃气。这股燃气随后驱动透平膨胀做功，转化为电能输出。值得注意的是，在释能过程中，压缩机并不参与工作，从而避免其对透平输出功的消耗。因此，与消耗相同燃料的燃气轮机系统相比，压缩空气储能系统能够产生更多的电力，其能源利用效率得到了显著提升。

3. 飞轮储能

飞轮储能，则是一种将电能转换为旋转体动能的储能方式。在储能阶段，电动机驱动飞轮加速旋转，将电能转化为飞轮的动能储存起来。而在能量释放阶段，飞轮减速旋转，带动电动机作为发电机运行，将动能重新转化为电能输出。飞轮储能以其独特的储能机制，展现出了诸多优势。

首先，飞轮储能的功率密度大，能够在短时间内迅速输出大量能量，满足电力系统对快速响应的需求。其次，其能量转换效率高，一般可达 85% ~ 95%，减少了能量在转换过程中的损失。再次，飞轮储能对温度不敏感，对环境友好，且使用寿命长、储能密度稳定，不会因过充电或过放电而受到影响。复次，飞轮储能的充电时间短，属于分钟级别，便于快速充放电操作。最后，飞轮储能还易于与传统的发电机组组合使用，为电力系统的灵活调度提供了更多可能。

然而，飞轮储能也存在一些不足之处。其储能密度相对较低，意味着需要更大的体积或重量来储存相同数量的能量。同时，飞轮储能的自放电率也较高，需要定期补充能量以保持其储能状态。尽管如此，随着技术的不断进步与成本的逐渐降低，飞轮储能仍有望在未来的电力系统中发挥更加重要的作用。

飞轮储能主要部件及其原理和功能如下。

（1）飞轮

飞轮是飞轮储能系统中能量的载体，储存在飞轮质量内的动能为

$$E = \frac{I\omega^2}{2} \tag{7-1}$$

式中：I——飞轮的转动惯量；

ω——飞轮旋转角速度。

（2）轴承技术革新与飞轮储能效率提升

轴承，作为飞轮储能系统中飞轮绕中心轴旋转的关键约束装置，其性能优劣直接关系到整个飞轮系统的运行效率与可靠性。为了最大限度地减少飞轮在高速旋转过程中产生的摩擦损耗，研发具有低摩擦系数的轴承成了提升飞轮系统效率的核心要素。

在传统飞轮储能应用中，机械轴承因金属接触面间存在的固有摩擦，难以满足极高转速下长时间稳定运行的高要求。为应对这一挑战，现代飞轮系统开始广泛采用磁悬浮轴承与流体动力轴承等前沿技术。磁悬浮轴承通过电磁力使转子实现空中悬浮，彻底消除了物理接触点，从而极大地降低了机械摩擦，显著提升了系统效率与使用寿命。而流体动力轴承则通过引入气体或液体作为润滑介质，在转子与定子间形成一层超薄的润滑膜，有效减小了摩擦阻力，并兼具出色的散热性能。

此外，材料科学的飞速进步也为低摩擦轴承的设计开辟了新途径。例如，采用超硬耐磨材料制造滚动体与滚道表面，能大幅降低磨损；而自润滑复合材料制成的滑动轴承，则能在无油环境下稳定运行，进一步简化了维护流程。同时，精密加工技术与先进的表面处理工艺的应用，也确保了轴承各部件间的精准配合，从而维持了极低的摩擦系数。

（3）电机及控制系统的智能化升级

电机，在飞轮储能系统中扮演着能量交换的核心角色，需具备在不改变旋转方向的前提下，实现电动机与发电机功能灵活转换的能力。鉴于飞轮在吸收能量时转速逐渐提升，而在释放能量时转速逐渐降低，为保持电机输出端频率的稳定，变频技术应运而生。这一技术通常借助电力电子装置得以实现，确保了电机在不同转速下均能高效、稳定地工作。

（4）辅助系统的全面优化与智能化管理

辅助系统，作为飞轮储能系统不可或缺的一部分，主要包括真空系统、冷却系统以及状态检测系统，它们共同为系统的稳定运行提供了有力保障。

真空系统，凭借其在高科技设备与工业应用中的核心地位，通过精准控制设备内部的气体分子浓度，为半导体制造、真空镀膜等工艺过程创造了理想的低压或无压环境。这不仅提升了工艺精度与效率，还有效防止了氧化、污染与腐蚀等问题的发生，从而确保了产品的高品质。

冷却系统，则通过循环冷却介质的巧妙设计，有效吸收了设备运行过程中产生的热量，确保了设备始终保持在最佳工作温度范围内。这不仅延长了设备的使用寿命，还显著提高了其稳定性与可靠性。

状态检测系统，作为设备健康管理的"眼睛"，通过集成各类传感器与测量仪器，实时监测设备在运行过程中的各项关键参数。一旦设备出现异常或故障预兆，系统便能迅速发出警报，并提供详尽的诊断信息。这极大地简化了维修流程，降低了因设备故障导致的生产中断与经济损失。通过智能化管理与全面优化，辅助系统已成为飞轮储能系统中不可或缺的重要组成部分。

（二）电化学储能

1. 铅酸蓄电池

铅酸蓄电池，作为全球范围内应用最为广泛的电池类型之一，其工作原理基于铅氧化物阳极与铅（Pb）阴极在稀硫酸电解液中的电化学反应，产生 2V 的电势差。这种电池因其价格低廉、制造工艺简单、性能稳定可靠以及适应性强等显著优点，长期以来在电力系统中扮演着事故电源或备用电源的重要角色。特别是在早期独立型光伏发电系统中，铅酸蓄电池几乎是标配。然而，随着锂离子电池等新型储能技术的崛起，铅酸蓄电池在部分应用领域正逐渐被替代，但其作为基础储能技术的地位仍然不可忽视。

2. 钠硫电池

钠硫电池（Sodium – Sulfur Battery，NaS 电池），以其卓越的能量密度、超长循环寿命和较低的成本，在大规模储能领域展现出了巨大的潜力和应用前景。其工作原理基于钠与硫之间可逆的电化学反应，通过钠阳极、陶瓷隔膜和硫阴极的协同作用，实现能量的高效储存与释放。陶瓷隔膜不仅有效隔离了阴阳极，还确保了高温下的离子传导性能，是电池高效运行的关键。

钠硫电池的优势显著。首先，其能量密度高达 300Wh/kg 以上，远超传统铅酸电池和锂离子电池，使得在相同重量或体积下能储存更多电能，特别适用于长时间储能需求，如可再生能源发电站的储能系统、电网调峰及应急备用电源等。其次，钠硫电池的循环寿命长，可达数千次充放电循环，且容量衰减极小，降低了长期使用的维护和更换成本。此外，其较宽的工作温度范围（300～350℃）和丰富的原材料资源，进一步提升了其经济性和广泛应用的可能性。

然而，钠硫电池也面临一些挑战。高温运行环境增加了系统的复杂性和安全隐患，对温度控制和管理提出了更高要求。同时，电池封装技术需确保熔融态钠和硫的密封性和耐腐蚀性，防止泄漏和腐蚀。尽管存在这些挑战，但钠硫电池凭借其独特优势，已在日本等国的电网储能系统中得到广泛应用，并在中国新能源产业的快速发展中逐渐崭露头角，成为推动能源转型和绿色发展的重要力量。

3. 全钒液流电池

在液流电池技术领域中，全钒液流电池以其独特的储能机制脱颖而出。这类电池的能量储存在溶解于液态电解质的电活性物质中，而液态电解质则被巧妙地储存在电池外部的专用罐中。当需要充放电时，通过高效的泵送系统，将储存在罐中的电解质精准地打入电池堆栈。在电池堆栈内，电能与化学能之间通过精密的电极和薄膜结构实现高效转换。

历经数十年的研究与发展，学者们通过不断探索与尝试，提出了包括铈钒体系、全铬体系、溴体系、全铀体系在内的多种液流电池体系。然而，在这些体系中，全钒体系液流电池凭借其显著的优势，逐渐成为商用化发展的主流方向。其正负极活性物质均为钒元素，仅价态存在差异，这一特性有效避免了正负极活动物质通过离子交换膜扩散造成的元素交叉污染问题，从而确保了电池的高效稳定运行。

全钒液流电池的特点鲜明且突出。

输出功率灵活可调，仅取决于电池堆的大小，而容量则取决于电解液的储量和浓度，为不同应用场景提供了极大的灵活性。

活性物质理论寿命长，降低了长期运行成本。

电池可深度放电至100%，充分释放存储能量。

安全性高，无潜在爆炸或着火风险，为使用提供了有力保障。

电池部件多采用廉价的碳材料、工程塑料等，使用寿命长且易于回收，降低了整体成本并有利于环保。

4. 锂离子电池

锂离子电池，作为当前储能领域应用最广泛的二次电池之一，其工作原理基于锂离子在正负电极间的浓差效应。充电时，锂离子从正极脱嵌并穿越电解质嵌入负极，形成富锂态的负极和贫锂态的正极；放电时则过程相反，锂离子从负极脱嵌并回归正极。

锂离子电池凭借其卓越的性能特点，在储能应用中占据了重要地位。

比能量高，三元材料电池的比能量甚至可达200Wh/kg，为设备提供了持久的能量支持。

比功率大，三元材料电池的比功率可达3000W/kg，满足快速充放电的需求。

使用寿命长，钛酸锂电池的循环寿命可高达万次以上，降低了更换电池的频率。

充放电效率高，目前产业化的锂离子电池充放电效率均在95%以上，减少了能量损失。

平均输出电压高，工作电压大于3V，为设备提供了稳定的电力输出。

自放电小，每年自放电率低于10%，保证了电池的长久保存能力。

工作温度范围宽，适应 -25 ~ 45℃的宽广工作环境。

无记忆效应，使得电池使用更加便捷。

当前，锂离子电池的负极材料主要以石墨为主，电解质和隔膜的选择也相对固定。因此，人们常根据正极材料的不同来区分锂离子电池的类型，如钴酸锂电池、锰酸锂电池、磷酸铁锂电池和三元材料电池等，这些不同类型的锂离子电池在各自的应用领域发挥着重要作用。

5. 钠/氯化镍电池

钠/氯化镍电池是在钠硫电池基础上发展起来的一种新型高能电池，与钠硫电池具有相似的体系结构。该电池以 $NiCl_2$ 为正极，Na 为负极，采用 β - Al_2O_3 作为固体电解质，并以 $NaAlCl_4$ 作为熔盐电解质及电池过充、过放电时的反应物。这种独特的电池设计赋予了钠/氯化镍电池一系列优异的性能特点：

开路电压高，在300℃时可达2.58V，为设备提供了强大的电力支持。

比能量高，理论上可超过700Wh/kg，实际应用中也达到了100Wh/kg的水平。

能量转换效率高，无自放电现象，库伦效率高达100%，确保了能量的有效利用。

可快速充电，仅需30分钟即可充至50%的放电容量，满足了快速补能的需求。

工作温度范围宽广，可在250 ~ 350℃的范围内稳定工作，适用于高温环境。

容量与放电率无关，电池内阻基本为欧姆内阻，使得电池性能更加稳定可靠。

耐过充、过放电能力强，第二电解质 $NaAlCl_4$ 可参与反应，保护了电池免受损害。

无须液态钠操作，避免了操作过程中的安全隐患和麻烦。

维护简便，全密封结构减少了维护工作量。

安全可靠，无低沸点、高蒸汽压物质存在，电池损坏时呈低电阻导通方式，少数单体损坏不会影响系统的正常工作，为使用提供了极高的安全保障。

（三）电磁储能

1. 超导储能

超导储能系统，作为一种前沿的储能技术，其核心部件包括一个由超导材料精心制成的线圈，该线圈被安置在一个精密的低温容器中。此外，系统还配备了功率调节系统及先进的低温制冷系统，共同确保了系统的稳定高效运行。在超导储能系统中，能量以超导线圈中持续循环的直流电流形式被储存在强大的磁场中。这种储能方式凭借其响应速度极快、转换效率极高、储能密度庞大以及比容量/比功率出色的显著优势，在电能质量提升、系统阻尼增强、系统稳定性改善等方面展现出了巨大的潜力，尤其是在抑制低频功率振荡方面表现尤为突出。

然而，超导储能系统的推广应用仍面临一些挑战。高昂的价格和复杂的维护需求是其主要障碍，尽管市场上已经出现了商业化的低温和高温超导储能产品，但在电网中的实际应用仍然相对有限，大多停留在试验阶段。超导储能系统在电力系统中的广泛应用，将高度依赖超导技术的持续进步，特别是材料科学、低成本制造、高效制冷以及电力电子等关键技术的突破。

2. 超级电容器储能

超级电容器，作为一种基于电化学双电层理论创新设计的新型储能元件，近年来受到了国内外研究者的广泛关注。其独特的电极结构使得两电荷层之间的距离极小（通常小于 0.5mm），从而极大地增加了电极表面积，进而实现了电容量的显著提升。根据储能原理的不同，超级电容器可分为双电层电容器和电化学电容器；而根据电极材料和电解质的不同，又可进一步细分为多种类型，如活性炭、金属氧化物、导电高分子聚合物等电极材料，以及水溶液电解质、有机电解液等电解质类型。

超级电容器凭借其超高电容量、极快的充电速度、高功率密度、高效的充放电效率、超长的循环使用寿命、宽广的工作温度范围以及环境友好等显著优点，在多个领域展现出了广阔的应用前景。其电容量是同体积电解电容器的数千倍，充电速度可在数秒至几分钟内达到额定容量的 95% 以上，功率密度更是普通蓄电池的 10 倍以上。此外，超级电容器在深度充放电循环中的使用次数可达 $1 \times 10^4 \sim 5 \times 10^5$ 次，且在 $-40 \sim 80℃$ 的温度范围内均能稳定工作，同时其整个生命周期中均对环境无害。

3. 热储能

热储能系统，作为一种高效、灵活的储能方式，通过将热能储存在隔热容器的媒质中，实现了能量的有效存储和按需释放。根据储能原理的不同，热储能可分为显热储存和潜热储存两大类。在显热储存中，液态水等媒质通过吸收热量实现温度的提升，从而储存热能。这些热水不仅可以直接用于供暖等用途，还可通过温度变化来反映储热状态。而潜热储存则利用相变材料在相变过程中吸收或释放大量热能的特性来实现热能的储存和释放。

热储能技术在可再生能源发电领域具有显著的应用价值。特别是熔融盐作为一种优秀的相变材料，在集热式太阳能热发电站中得到了广泛应用。熔融盐凭借其使用温区大、比热容高、换热性能优异等特点，成为高温热量储存的理想介质。近年来，熔融盐相变蓄热技术因其储热/放热能效高、适用温度高、大规模蓄热成本低等显著优势，受到了广泛关注和研究。随着技术的不断进步和成本的逐步降低，热储能技术有望在未来的能源体系中发挥更加重要的作用。

二、储能技术在电力系统中的应用

（一）发电侧储能应用

1. 传统火电机组在电网中的角色与挑战

传统火电机组在电力系统中扮演着至关重要的角色，尤其是它们作为二次调频辅助服务的主要提供者，对于维持电网的稳定运行具有不可或缺的作用。然而，当这些火电机组受到爬坡速率限制，无法精确跟踪调度调频指令时，就会对电网的自动发电控制（Automatic Generation Control，AGC）能力产生负面影响。此时，高速响应的储能技术便成为改善这一状况的关键。储能的介入，可以显著提升火电机组的 AGC 能力，进而帮助它们获得更多的 AGC 补偿收益。

对于常规火电机组而言，机组容量的大小直接影响到其锅炉蓄热能力和负荷调节性能。小容量机组由于锅炉蓄热能力有限，其负荷调节速率及调节精度往往不如大容量机组，因此在电网的考核中容易处于不利地位。此外，机组投入 AGC 后，现场设备的频繁动作不仅增加了设备故障的风险，还可能导致煤量的大幅过调，进而降低锅炉燃烧的经济性。这些问题都是传统火电机组在电网运行中面临的挑战。

2. 储能技术提升火电机组 AGC 能力的经济效益分析

储能技术作为一种高效、灵活的能源调节手段，对于提升火电机组的 AGC 能力具有显著效果。以 2MW（0.5h）储能系统为例，该项目总投资为 2260 万元，其中设备费中的电池成本约为 1200 万元，逆变器成本约为 600 万元。然而，储能装置投入后所带来的经济效益却是显而易见的。

根据测算，该储能系统年收入可达 808.9 万元，这意味着在短短三年内即可回收全部投资成本。此外，在合理的管理和维护下，该系统的充放电循环寿命可高达百万次以上，完全能够满足系统 10 年的使用寿命要求。自储能项目投运以来，为了满足电网 AGC 调频的要求，系统需要每天 24 小时不间断运行，平均每 2 分钟左右就需要完成一次调节任务，充放电次数累计已达到 40 万次以上。值得一提的是，储能系统大部分时间都运行在浅充浅放状态，超过 10% 放电深度的调节任务仅占比 1.5%，这有效保障了储能系统的运行寿命。同时，储能系统总体充放电效率高达 85% 以上，进一步提升了其经济效益。

3. 储能技术在风电、光伏等新能源厂站的多元化应用

（1）平抑可再生能源发电波动，实现稳定输出

随着全球对清洁能源需求的持续增长，风能和太阳能光伏发电等新能源在电力系统中的占比不断攀升。然而，这些新能源的间歇性和不可预测性给电网带来了不小的挑战。储能技术通过平抑可再生能源发电的波动或平滑输出功率，为解决这一问题提供了有效手段。在风力发电中，储能系统可以在风速强劲时储存多余的电能，在风速下降时释放能量；在光伏发电中，储能系统则可以在阳光充足时储存电能，在云层遮挡时释放能量。这种能力对于维持电网频率和电压的稳定至关重要，有助于提高整个电力系统的可靠性和效率。

（2）精准跟踪发电计划，提升新能源发电可控性

除了平抑波动外，储能技术还可以帮助新能源发电更精准地跟踪发电计划。由于风能和太阳能的自然属性，它们的发电量会随时间发生显著波动，即"爬坡"现象。储能系统能够快速响应这些变化，根据预先设定的发电计划调整输出功率，使实际发电曲线与预期目标尽可能贴近。这种能力不仅提高了新能源发电的可控性，还增强了电力公司对电网管理的信心，减少了因不匹配而产生的额外成本。

（3）增强调度灵活性，提升新能源发电价值

储能技术的应用进一步提升了风力和太阳能发电的调度灵活性。通过集成储能系统，这些新能源可以实现一定程度的功率调节，从而更好地适应电网的

需求。储能系统可以根据电网的实际需要，在高峰时段增加发电量，在低谷时段减少甚至停止发电。这种灵活性不仅提高了新能源发电的可用性和可靠性，还为其创造了更多的经济价值。此外，储能还可以参与频率调节、电压支撑等辅助服务，进一步增强了电力系统的稳定性。

（4）减少弃光弃风，优化新能源消纳

在风光资源丰富但远离负荷中心的地区，消纳困难是一个亟待解决的问题。储能技术为解决这个问题提供了有效途径。它能够在电网负载较低时存储过剩的电能，并在高需求时期将其释放，从而避免宝贵的清洁能源被浪费。特别是在风光消纳外送困难时刻，储能系统可以通过本地储存和适时释放能量，缓解传输瓶颈，促进更多清洁能源的利用。这种方法不仅提高了新能源的整体利用率，还推动了分布式能源的发展，降低了对集中式大型电站的依赖，有助于实现能源结构的优化升级。

储能技术在风电、光伏等新能源厂站的应用展现出了多元化的优势。它不仅解决了新能源固有的间歇性和不可预测性问题，还增强了电力系统的灵活性和稳定性。随着技术的进步和成本的降低，储能将在未来的能源体系中扮演越来越重要的角色，为推动全球向可持续能源转型的目标贡献力量。

（二）电网侧储能应用

1. 调峰优化

电池储能电站凭借其卓越的负荷跟踪能力、快速的响应速度以及精准的控制能力，成为调峰电源中的佼佼者。特别是在其他传统电源调峰经济性欠佳的情境下，如火电需进行深度调峰或启停调峰、核电参与调峰以及新能源、水电等清洁能源因调峰而弃电时，电池储能电站的削峰填谷功能显得尤为重要。它不仅能够有效缓解电网的峰谷矛盾，还能提高整个电力系统的经济性和稳定性。

2. 供电补充与缓解投资压力

面对负荷中心持续增长的电力需求以及部分火电机组的退役，电网供电缺口问题日益凸显。此时，电池储能电站能够作为供电补充，有效缓解电网的供电压力。同时，它还能减缓电力建设投资，包括输电网和配网的投资、变电和线路的投资，以及为提升电网可靠性所需的其他投资。在新增线路和变电容量困难或投资代价过大的情况下，电池储能电站提供了一种经济、高效的解决方案。

3. 调频辅助服务

在电力系统的调频辅助服务中，电池储能电站同样发挥着重要作用。一方面，当系统内参与二次调频的火电机组受爬坡速率限制，无法精确跟踪调度调频指令时，电池储能电站能够迅速响应，解决系统二次调频的跟踪偏差和不经济问题。另一方面，面对大容量直流、大容量机组等大电源丢失带来的频率波动风险，以及系统相对较小或系统内机组一次调频能力相对不足的情况，电池储能电站作为快速充放电设备，能够协助确保系统安全稳定运行，提高电网的毫秒级控制能力，为大受端电网的运行安全提供有力保障。

（三）用电侧储能应用

1. 节省报装容量费用

从用户角度来看，储能系统为降低报装容量费用提供了有效途径。传统上，大工业用户需根据预计的最大用电需求来确定报装容量，并支付相应的固定费用。然而，实际用电量往往低于报装容量，导致部分费用浪费。通过引入储能技术，用户可以在用电高峰时段使用储能设备中的电能，从而降低报装容量水平，减少不必要的容量费用支出。储能系统还能在非高峰时段储存多余电力，并在高峰时段释放，以平衡负载曲线，实现电力消耗模式的优化。

2. 峰谷电价套利与电费节省

储能系统还能协助用户调节峰平谷不同电价时段的用电电量，实现电费节省。以某一般工商用户为例，其上班时间负荷基本维持在250kW，且主要集中在白天上班时间。通过对比不同电价方案下的电费支出，可以发现采用电池储能每天充放一次能够显著降低电费。若用户原本采用固定电价，引入储能后每天可节省一定电费；若用户原本采用峰谷电价，则储能的峰谷电价效益将得到充分发挥，电费节省更为显著。

3. 提升供电可靠性与保障重点负荷

随着城市等负荷中心负荷密度的不断增加以及老旧火电机组的逐渐退役，电网供电能力日益紧张。同时，负荷中心土地和走廊资源有限，新增供电容量面临诸多困难。在这种情况下，电网往往需要用户进行错峰限电、有序用电，这对工商业用户的生产造成了不利影响。而采用储能系统则能够有效提升供电可靠性，确保用户重要、重点负荷的持续供电。在电网供电能力紧张或突发停电情况下，储能系统能够迅速提供备用电源，保障用户生产的正常进行。

4. 未来电力市场的套利策略与储能技术的深度应用

（1）灵活利用日前与日内市场价差，挖掘利润潜力

在未来电力市场的多元化交易体系中，储能系统将成为市场参与者捕捉利润的关键工具，特别是通过巧妙利用日前市场（Day - Ahead Market，DAM）与日内市场（Intraday Market，IDM）之间的价格差异。日前市场作为提前规划电力供需的平台，其电价往往基于宏观预测和长期趋势；而日内市场则更加贴近实时，能够迅速反映短期内的供需变化、天气波动及突发事件等不可预见因素。这种时间差导致的电价差异，为储能设施提供了套利空间。

储能系统可以依据先进的预测模型和实时数据分析，智能地决定何时充电、何时放电。例如，在预测到次日电价将因需求激增而上涨时，储能设施可在日前市场低价时段充电，然后在日内市场高价时段放电，实现利润最大化。这种策略不仅要求对市场动态的敏锐洞察，还需要储能系统具备快速响应和高效调度的能力。随着电力市场机制的不断完善和技术的迭代升级，市场参与者将能够利用更加精准的预测算法和决策支持系统，进一步优化套利策略，提高收益稳定性。

（2）精准负荷预测与偏差电量管理，提升经济效益

在电力市场中，偏差电量的管理直接关系到电力公司的运营成本和效率。传统上，由于预测技术的局限性，电力公司难以准确预估实际用电需求，导致发电计划与实际需求之间存在偏差，进而引发资源浪费或供应紧张。储能技术的引入，为这一难题提供了创新解决方案。

通过整合历史数据、实时气象信息、社会经济活动等多维度数据源，并结合机器学习、人工智能等先进技术，储能系统能够生成更为精确的负荷预测模型。这不仅有助于电力公司更合理地安排发电计划，减少因偏差电量产生的额外费用，还能通过提高预测准确率获得市场奖励或电费优惠。在某些电力市场中，对负荷预测精度高的企业会给予直接的经济激励，如降低电费、提供补贴或参与特定市场的优先权，从而进一步提升了储能技术在偏差电量管理中的经济价值。

（3）日内市场价格波动下的储能高频调用，加速投资回报

日内市场的价格波动为储能设施提供了频繁的套利机会，使得储能系统的投资回报周期得以显著缩短。与日前市场相比，日内市场更加灵活，能够即时反映电力供需的微小变化，因此价格波动更为频繁且幅度较大。储能系统凭借其快速响应能力，可以根据市场价格信号迅速调整充放电状态，捕捉每一次价

格波动的盈利机会。

具体来说，储能设施可以设计一个动态优化算法，该算法能够实时监测日内市场价格，当价格上升时自动放电以高价售出电能，当价格下降时则充电以低价储备电能。这种高频次的充放电操作，不仅增加了储能系统的参与度和收入来源，还加快了资金流转速度，降低了投资风险。此外，随着电力市场改革的深入和辅助服务市场的拓展，储能设施还可以提供如频率调节、电压支撑等增值服务，进一步拓宽其盈利渠道，实现多元化收益。

未来电力市场的套利策略将深度依赖储能技术的智能应用。通过灵活利用市场价差、精准管理偏差电量以及高频响应日内市场价格波动，储能系统不仅能够帮助市场参与者最大化经济效益，还能促进电力市场的稳定运行和高效发展。随着技术的不断进步和市场机制的日益完善，储能技术在电力市场中的作用将更加凸显，成为推动能源转型和电力市场改革的重要力量。

三、客户侧储能即插即用装置

（一）概述

1. 客户侧储能系统

客户侧储能系统是一种安装在客户场地，与客户内部配电网紧密连接的分布式储能解决方案。它利用机械储能、电化学储能或电磁储能技术，实现电能的循环存储、转换与释放，旨在优化客户内部的电力供需平衡，提升能源利用效率。

2. 客户侧储能监控平台

此平台是客户侧储能系统的"大脑"，负责整合、管理并优化客户内部的储能资源。它能够自适应地匹配储能系统与电网、负荷的需求，实现储能设施的即时接入、自动认证与即插即用功能。通过智能算法，平台能够确保储能系统的高效、稳定运行。

3. 连接客户侧储能即插即用装置

该装置是储能系统与监控平台之间的桥梁，采用先进的通信与信息技术，实时采集储能系统的各项数据，并上传至监控平台。它支持多种通信接口，能够无缝连接储能变流器、储能电池及电表，实现数据的双向传输与远程控制。

此外，该装置还具备通信交互、管理、认证、加密、计费、结算、协调控制及数据发布等全方位功能。

4. 即插即用装置基本构成

即插即用装置由高性能的 CPU 处理器、安全的 ESAM 模块、可靠的非易失存储器、灵活的通信接口、精确的时钟以及高效的电源管理系统等核心部件组成。其通信接口丰富，包括电能表接口、储能监控平台接口、储能就地 EMS 接口、储能电池管理系统接口以及储能系统 PCS 接口等，确保与各类设备的顺畅连接。

（二）即插即用装置功能要求

1. 通信功能

多协议支持：即插即用装置不仅支持 RS485、CAN、以太网等常用通信方式，还具备扩展其他通信协议的能力，以适应不同储能系统与设备的通信需求。

智能电表通信：通过标准化的通信协议，装置能够实时读取智能电表的数据，为计费、结算及能源管理提供准确依据。

远程通信稳定性：采用 2G/3G/4G、以太网及无线专网等多种通信方式，确保与客户侧储能监控平台的稳定、高效连接。同时，支持 MQTT 或 HTTPS 等安全通信协议，保障数据传输的安全性。

2. 安全认证和数据加解密

高强度加密：ESAM 模块采用先进的加密算法，确保数据在传输和存储过程中的安全性。同时，支持密钥的动态更新，提升系统的安全防护能力。

自动注册与认证：装置能够自动向客户侧储能监控平台注册，并发送自描述模型，进行快速、便捷的接入与认证。

3. 储能控制

智能化控制：通过用户友好的界面或移动应用，用户可以轻松完成身份识别，并实现对储能系统的智能化控制，如充放电模式的切换、功率调节等。

全面数据采集：装置能够实时采集储能电池及储能变流器的运行信息、状态信息、告警信息及参数信息等，为系统的优化运行提供数据支持。

灵活控制策略：支持本地控制和远程控制两种模式，用户可以根据实际需求灵活选择。同时，装置还具备根据计划曲线自动进行充放电控制的功能，提高能源利用的效率和灵活性。

削峰填谷与节能控制：在本地/远程控制模式下，装置能够根据客户的用电需求，自动调整储能系统的充放电策略，实现削峰填谷、节能控制等目标，降低客户的用电成本。

4. 计费结算

精准计费：装置能够实时获取储能系统的上网电量数据，并结合客户侧储能监控平台下发的电价信息，实现精准的电费和补贴计算。同时，支持电费模型的动态调整与存储功能，满足不同客户的计费需求。

便捷结算：装置具备费用结算功能，支持智能电卡、App 终端等多种结算方式，方便用户随时查看并支付电费及补贴款项。同时，装置还能够生成详细的结算报告，为用户提供清晰的费用明细。

5. 存储功能

模型与记录存储：装置不仅能够存储客户侧储能监控平台下发的模型信息，还能够记录储能系统的各项运行数据、告警信息、故障记录等。其中，告警和故障信息的存储容量不少于五万条，确保系统运行的可靠性和可追溯性。同时，对于电压、电流、功率、累计充放电量等关键数据信息，装置能够存储至少 1 年的历史数据，为用户的能源管理和决策分析提供有力支持。

6. 远程升级与维护

一键升级：通过客户侧储能监控平台，用户可以实现对即插即用装置应用软件的远程升级，无需现场操作即可享受最新的功能优化和性能提升。同时，装置还支持本地分时计费和服务费模型的更新以及 ESAM 密钥数据的远程更新功能，确保系统的安全性和灵活性。

远程维护与管理：装置具备网络运行管理功能，能够实时监测网络状态、管理策略的执行情况以及异常处理和修复过程。同时，通过日志文件的设定与管理功能，用户可以方便地查看和分析系统的运行记录和维护情况。

7. 校时功能

精准对时：装置能够接收客户侧储能监控平台发出的时钟召测和对时命令，并通过报文等方式进行精确对时。同时，装置内置 RTC 时钟，在外电源停电后仍能维持时钟正常工作至少 3 个月，确保系统时间的准确性和稳定性。

时钟准确度不低于 ±0.5s/d，满足电力系统对时间同步的高要求。

8. 掉电检测与保护

掉电保护：装置具备掉电检测功能，在掉电瞬间能够迅速保存当前的历史记录和数据状态，确保数据的完整性和可靠性。同时，装置还具备掉电后的自动恢复功能，能够在电源恢复后自动重启并恢复之前的工作状态。

9. 扩展功能

网络发布与共享：预留 UART 接口等通信接口，方便用户将储能数据发布到网络或与其他系统进行数据共享和交互。这有助于实现能源管理的智能化和可视化，提升用户的能源利用效率和管理水平。

存储容量扩展：根据数据存储量的需求，装置预留 SD 卡插拔接口，用户可以根据需要插入 SD 卡来扩展存储容量。这确保了装置能够应对大量数据的存储需求，避免数据丢失或溢出的问题。同时，装置还支持对 SD 卡进行加密和保护功能，确保数据的安全性和隐私性。

（三）即插即用装置的技术要求详解

1. 硬件要求

（1）处理能力要求强化

①即插即用装置的核心处理器需兼容先进的 ARM 架构，确保高效能的同时，主频应不低于800MHz，以保障复杂运算和快速响应的能力。这一要求旨在确保装置能够流畅处理各类数据通信、加密解密以及实时控制任务，提升整体系统性能。

②内存配置需达到或超过512MB，以支持多任务并发运行和大数据量的缓存处理，为装置提供充足的运算资源和数据存储空间，确保在复杂应用场景下的稳定运行。

（2）存储能力的全面升级

即插即用装置的内置存储容量应不低于1GB，以满足日益增长的数据存储需求。同时，装置需支持 SD 卡扩展存储，为用户提供灵活的存储空间扩展选项，确保数据记录的完整性和长期保存能力。

（3）通信能力的全面覆盖与未来展望

装置应内置全网通通信模块，全面支持中国移动、中国联通、中国电信的2G/3G/4G 网络，确保在各类网络环境下都能实现稳定可靠的数据传输。同时，考虑到未来通信技术的发展趋势，装置应具备向 5G 网络升级的能力，以应对未来高速、低延迟的通信需求。

（4）对外接口的丰富与多样性

①网络接口方面，装置应至少配备 1 路无线数据接口和 2 路以太网接口。无线数据接口需支持移动、电信和联通的 2G/3G/4G 无线数据连接，提供便捷的远程通信能力；以太网接口需采用 10/100Mbit/s 自适应工业以太网标准，配备 RJ45 接口，确保与各类工业设备的稳定连接。

②串行接口方面，装置应至少具备 4 路串行接口，其中至少包括两路 RS485 和一路 CAN 接口，以满足与不同类型设备的通信需求，实现数据的灵活传输和控制指令的准确下达。

2. 系统软件要求

（1）操作系统的稳定与高效

即插即用装置应采用成熟稳定的 Linux 系统平台，内核版本不低于 3.6.0，以确保系统的兼容性、稳定性和安全性。Linux 系统以其开源、可定制和高效的特点，为即插即用装置提供了坚实的软件基础。

（2）文件系统的优化与扩展

装置应建立高效的文件系统，以满足应用程序和数据的存储需求。文件系统需支持大文件的存储和快速访问，同时提供灵活的存储空间管理功能，确保数据的完整性和安全性。

3. 应用软件要求的细化与强化

①数据读取与管理的便捷性：即插即用装置应支持通过以太网接口远程读取内部记录的数据和信息，便于用户进行数据分析、监控和管理。

②权限管理的严格性：设置软件应采用权限和密码分级管理体系，确保只有授权用户才能进行操作。同时，软件应具备设置验证功能，记录操作人员、操作时间、操作项目等信息，以便追溯和审计。此外，软件还应支持备份被改写的内容，确保数据的可追溯性和恢复能力。

③软件功能的完善性：即插即用装置内软件应具备备案和比对能力，以便在需要时进行数据校验和一致性检查。同时，软件应支持远程更新和升级功能，确保装置能够及时获得最新的功能和安全补丁。

④安全性的全面保障：制造厂商提供的嵌入式软件中不应留有后门或漏洞，任何内部参数的改动均应在授权方式下进行。制造厂商需建立完善的安全监督及防范机制，确保软件在研发、测试、部署和运维等全生命周期中的安全性。

4. 数据安全性要求的深化与拓展

（1）一般性要求的强化

即插即用装置在智能电网和物联网环境中的数据安全性和可靠性至关重要。为确保装置在与其他设备交换信息时不受影响和改变，必须严格遵守数据安全性要求。具体而言，装置应具备强大的防干扰和防篡改能力，确保在任何情况下都能保持数据的真实性和完整性。这一要求不仅关乎装置自身的稳定性，更关乎整个电力系统乃至更大范围内的网络安全环境。

（2）编程要求的细化与防护

考虑到即插即用装置需要具备远程管理和更新功能，编程要求应更加严格和细致。除了支持通过以太网、3G/4G/5G 等通信方式进行程序写入外，还必须实施严格的程序写入防护措施。这包括但不限于身份验证、权限控制、日志记录、代码审计和测试验证等功能。只有经过认证的管理员才能执行程序写入任务，且每次修改后都要进行全面测试，确保新版本不会引入新的漏洞或问题。这些措施共同构成了装置的第一道防线，有效阻止了未经授权的访问和潜在的恶意软件入侵。

（3）嵌入式安全控制模块的安全认证与数据加密

嵌入式安全控制模块（Embedded Security Access Module，ESAM）作为即插即用装置中的核心安全组件，其重要性不言而喻。ESAM 不仅增强了本地和远程模式下参数设置、信息返写及下发远程控制命令操作的安全性，还通过安全认证和数据加/解密处理确保了数据传输的安全性和完整性。在即插即用装置的设计中，ESAM 的嵌入是不可或缺的一环。它采用了先进的加密技术和安全协议，为装置提供了额外一层保护屏障。无论是本地操作还是远程通信，ESAM 都会自动启动安全认证流程，核实请求来源的合法性。一旦验证成功，ESAM 将负责加密待传输的数据，并在接收端进行解密处理，确保信息在整个传输过程中始终保持机密状态。这种方法有效抵御了中间人攻击和其他形式的数据窃取威胁，为用户提供了一个高度安全的使用环境。

（4）加/解密算法的标准化与合规性

为了保证数据的安全性和符合国家密码管理政策的要求，ESAM 应采用国密 SM1 算法进行数据的加/解密处理。国密 SM1 作为我国自主研发的一种对称加密算法，以其高强度的安全性能和广泛的应用基础著称。该算法不仅满足了国内法律法规的要求，还提供了强大的加密能力，能够有效保护即插即用装置内部的数据免受未经授权的访问和篡改。选择国密 SM1 算法作为标准加密手段，不仅体现了即插即用装置制造商对国家安全法规的尊重和支持，也为用户带来了更高的安全感和信任度。特别是在涉及敏感信息如电量数据和运行参数的情况下，使用先进的加密技术尤为重要。通过采用国密 SM1 算法，即插即用装置能够在不影响性能的前提下，确保数据的保密性和完整性，为智能电网的安全运行提供有力保障。

（5）关键数据存储的安全性与可靠性

即插即用装置中的关键数据，如电量数据和运行参数等，是计费依据和系统运行状态的重要记录。这些数据应当保存在 ESAM 中，并利用其强大的加密保护功能进行保护。所有针对即插即用装置的参数设置和状态调整操作均应采用 ESAM 加密保护，确保数据的安全性和不可篡改性。这种设计思路强调了数据安全的重要性，特别是在涉及计量和计费的情况下。通过将关键数据集中存储在 ESAM 内，并利用强加密技术进行保护，即插即用装置能够有效防止数据泄露和篡改事件的发生。同时，所有的参数设置和状态调整操作都需经过 ESAM 的安全认证和加密处理，为每一次操作提供了可靠的审计记录。这种方法不仅提高了系统的安全性，还增强了用户的信任感，促进了智能电网及相关服务的健康发展。

5. 结构要求

（1）通用要求

①安全设计：即插即用装置的设计需严格遵循安全标准，其结构和材料选择应确保在额定工作条件下使用时不会引发任何安全隐患。特别地，装置必须具备良好的防电击保护，有效隔绝高压电路与可接触部分，防止用户在使用过程中遭受电击伤害。同时，装置还需具备防高温措施，通过合理的散热设计和温度监控，确保装置表面温度及内部元件温度均处于安全范围内，避免高温对人体造成伤害。此外，装置还需具备防火性能，采用阻燃材料，防止火焰蔓延。对于固体异物、灰尘及水的侵入，装置应设计有相应的防护机制，如密封件、防尘网等，以确保内部电路和元件不受损害。

②耐腐蚀保护：所有易受腐蚀的部件，如金属接触点、电路板等，在正常条件下应得到有效防护。这可以通过采用耐腐蚀材料、涂覆防腐层或采用密封结构等方式实现，确保部件在长期使用过程中不会因腐蚀而失效。

③保护层耐用性：装置的保护层，如外壳、盖板等，在正常工作条件下应具有一定的耐用性，不会因一般的操作或空气中的污染物而轻易损坏。这要求保护层材料具有良好的耐磨、耐刮擦性能，以及一定的抗老化能力。

④机械强度与温度适应性：即插即用装置应具备足够的机械强度，能够承受在运输、安装及使用过程中可能遇到的机械冲击和振动。同时，装置还需具

备良好的温度适应性，能够在正常工作条件下可能出现的高温和低温环境中稳定运行，不会出现性能下降或损坏的情况。

⑤部件紧固性：装置内部的所有部件应可靠地紧固，确保在振动或冲击条件下不会松动或脱落。这可以通过采用合适的紧固方式、增加锁紧装置或采用一体化设计等方式实现。

⑥电气接线可靠性：电气接线应设计得合理且牢固，防止振动、拉扯或过载条件下导致断路。接线端子应采用高质量的材料制成，具有良好的导电性能和耐腐蚀性能，确保电气连接的稳定性和可靠性。

⑦绝缘安全性：装置结构应设计得合理，使得由布线、螺钉等偶然松动引起的带电部位与可触及导电部件之间的绝缘短路风险降至最低。这可以通过采用绝缘材料、增加绝缘间隔或采用隔离板等方式实现。

⑧耐阳光照射性：对于户外使用的即插即用装置，应特别考虑其耐阳光照射性能。装置外壳应采用耐紫外线材料制成，或涂覆有防紫外线涂层，以防止长期阳光照射导致材料老化、变色或性能下降。

（2）外壳

①金属外壳封装：即插即用装置应采用坚固耐用的金属外壳进行封装，以确保内部电路和元件得到充分保护。外壳结构设计应兼顾接线端子接线操作的便捷性和安装的便利性使得，用户在接线和安装过程中能够轻松完成操作。

②防尘防水性能：装置的介质插口应设计有防尘、防水措施，以满足不同使用环境下的需求。对于防尘性能，应达到规定的 IP5X 防护等级要求，确保灰尘无法进入装置内部对电路和元件造成损害。对于防水性能，户内用即插即用装置应达到 IPX1 防护等级，能够抵御水滴的溅入；而户外用即插即用装置则应达到更高的 IPX4 防护等级，以应对雨水、飞溅水等更恶劣的防水条件。

③外观质量：装置整体应无外露锐角，以避免在使用过程中对用户造成划伤。表面涂覆的色泽层应均匀光洁，无起泡、龟裂、脱落等现象，以确保装置的外观美观且耐用。同时，涂覆层还应具备良好的附着力和耐腐蚀性，以确保装置在长期使用过程中保持良好的外观状态。

（3）安装方式

推荐采用导轨或壁挂式固定方式进行即插即用装置的安装。这两种安装方式均能够提供稳固的支撑，确保设备在各种环境下可靠运行。导轨安装方式适合于配电箱或机柜内部，通过导轨与装置之间的紧密配合，实现设备的稳固安装和便捷维护。这种方式不仅便于用户进行设备的安装和拆卸，还能够有效节省空间，提高配电箱或机柜的利用率。而壁挂式安装方式则适用于空间有限的场所，通过壁挂支架将设备固定在墙壁上，既能够节省安装空间，又能够保持整洁的外观。无论选择哪种安装方式，都能够有效保证设备的安全性和稳定性，同时简化安装过程，提高工作效率。此外，在安装过程中，还应注意遵循相关的安装规范和要求，确保设备的安装质量和安全性。

第二节　储能电站系统与关键技术

一、储能电站系统

（一）储能容量选择

储能容量的选择是电化学储能电站设计中的关键环节，它直接关系到电站的性能、经济性和实用性。在确定储能容量时，需综合考虑系统潮流、调峰、调频、调压以及紧急控制等多方面的需求，以确保电站能够满足电网的各种运行场景。

现阶段，储能容量的选择主要受到建设运营成本的约束。尽管从理论上来讲，储能配置越大，其在解决全网性问题上的效果就越好，但实际应用中必须权衡成本与效益。

①调峰、调频、紧急控制：这些需求主要面向解决全网性的电力供需平衡、频率稳定和紧急情况下的电力恢复问题。对于调峰需求，由于需要储存大量的电能以在用电高峰时释放，因此通常选择能量型储能，其储能时间一般不小于 2 小时，以确保有足够的电能储备。而对于调频和紧急控制需求，则更注重储能的快速响应能力，因此选择功率型储能更为合适，其持续时间一般小于 0.5 小时即可满足要求。在实际应用中，储能容量的选择应根据电网的具体需求和运行状况进行灵活调整，以达到最佳的经济效益和性能表现。

②调压：调压需求主要考虑电网的动态无功需求，即当电网电压出现波动时，储能系统能够迅速吸收或释放无功功率以稳定电压水平。对于这一需求，同样选择功率型储能更为合适。储能容量的选择应基于电网的动态无功需求进行评估，容量越大，动态无功支撑能力就越强，电网的电压稳定性也就越好。然而，也需要注意到储能容量的增加会带来成本的上升，因此应在满足调压需求的前提下，合理控制储能容量，以实现经济性和性能的最佳平衡。

　　储能容量的选择是一个复杂而关键的过程，需要综合考虑电网的各种运行需求、建设运营成本以及储能技术的特点和发展趋势。通过科学合理的选择，可以确保电化学储能电站在满足电网需求的同时，实现经济、高效、可靠的运行，为现代电力系统的稳定和发展提供有力支撑。

（二）电池选型

1. 电池选型原则

①满足电网调频的持续高倍率充放电。
②满足电网调频、调峰需求的充放电循环次数。
③满足电网调频需求的满充放转换的快速响应。
④满足电网要求的稳定运行以及安全性。
⑤满足收益要求的成本及系统效率。
⑥满足电池易维护、电站无人值守的设计要求。
⑦满足电池高效使用的 SOC 运行范围。
⑧满足环境要求的宽工作范围。

2. 电池参数对比

　　电池以现今流行的电池：铅碳电池、锂离子电池（磷酸铁锂）、锂离子电池（三元锂）、全钒液流电池为例（表 7-1）。

表 7-1　几种电池参数

电池类型	铅碳电池	锂离子电池（磷酸铁锂）	锂离子电池（三元锂）	全钒液流电池
工作电压/V	2	2.8~3.7	3.2~4.2	1.5
能量密度/[(W·h)/kg]	25~50	130~160	200~220	7~15
功率密度/(W/kg)	150~500	500~1000	1000~1500	10-40
倍率性能	0.25C	长期2C/瞬时5C	长期2C/瞬时5C	2~5C
SOC 推荐使用范围	30%~80%	10%~90%	10%~85%	30%~90%
电池组循环次数	1000~3000	3000~5000	2500~4000	>10000
工作温度/℃	-20~60	充电-10~45/放电-20~55	充电-30~55/放电-30~60	-5~60

电池类型	铅碳电池	锂离子电池 （磷酸铁锂）	锂离子电池 （三元锂）	全钒液流 电池
应速度	<10ms	ms 级	ms 级	ms 级
安全性	析氢等弱风险	保护措施得当 燃烧风险较低	燃点低， 燃烧等风险较高	五氧化二钒等 毒性弱风险
环保性	存在一定环境风险	环境友好	环境友好	环境友好
能量成本/[元/(kW·h)]	800～1300	1300～1600	1500～2000	2200～2300

3. 电池成组方案对比

电池成组方案对比见表 7-2。

表 7-2　电池成组方案对比

储能系统类型	铅炭电池	锂离子电池 （磷酸铁锂）	锂离子电池 （三元锂）	全钒液流 电池
集装箱规格/尺	40	40	40	20
集装箱数量/个	100	100	50	400（另需配置电 解液储罐）
BMS 设计难度	简单，以监控为主	复杂，需要考虑 SOC 估算精度以及 均衡算法	十分复杂，电压抖 动剧烈，SOC 估算 难度较大，一致性 需要精准的均衡 算法	一般
系统集成可行性	可行	可行，国内主流技 术路线，方案相对 成熟	待验证，日韩为代 表的国外技术路 线，尚未掌握核心 技术，一致性问题 较为严重，标准尚 未统一	待验证
运维特点	电池寿命短，运维 差别化服务难	可实现无人运维	难实现无人运维， 安全因素是制约	可长时间运行，但 增添电解液作业烦 琐，工程浩大
初始投资	相对少	适中	较大	较大

注：1 尺≈0.33m。

4. 各电池技术参数比较

上述几种电池各有优缺点：

①铅碳电池虽然成本相对较低，但其倍率性能不佳、循环使用寿命有限、响应迟缓，并且伴随环保挑战。

②全钒液流电池展现出优越的倍率特性和高循环次数，然而其功率与能量密度偏低，占用空间大，且成本高昂。

③锂离子电池则以其高能量密度、高功率密度、出色的倍率性能、宽广的SOC 操作范围以及长循环寿命著称，特别是三元锂离子电池在能量与功率密度上更胜一筹，但面临着安全与成本方面的考量。

④综合考虑整体需求，需兼顾电网调频、调峰等多种应用场景，以实现技术的最优匹配与应用。

（三）储能电站 BMS 系统

1. BMS 系统作用

大型储能系统电站，在发电侧或电网侧发挥着调频调峰、削峰填谷的重要作用。其中，储能电站的电池管理系统（Battery Management System，BMS）是核心组成部分，它全面监测电池的运行状态量，如电压、电流、温度以及绝缘性能等，进而对电池的剩余电量、健康状态进行深入分析和评估。BMS 不仅负责电池组的均衡管理、精确控制，还能及时发出故障告警、实施有效保护，并承担通信管理的重任。其终极目标在于确保电池组的安全、稳定、可靠运行，同时追求高效能和经济适用性，为储能电站的长期稳定运行提供坚实保障。

2. BMS 系统典型架构

BMS 系统采用高度集成化的三层架构，确保了对电池组的全面监控和管理。

第一层：BMS 从控电池数据采集单元（Battery Management Unit，BMU）。这一层作为信息的触角，精准采集单体电池的电压、温度等关键数据，并基于这些数据对电池状态进行初步计算，执行均衡控制和热管理策略，确保单体电池的性能稳定。

第二层：BMS 主控电池控制单元（Battery Control Unit，BCU）。作为 BMS 系统的中枢，BCU 负责更高级别的电池组管理。它采集电池组端电压、电流，进行绝缘检测，深入计算电池状态，并控制继电器的开合，制定均衡策略，同时承担与上下层系统的数据通信任务，确保信息畅通无阻。

第三层：BMS 总控电池堆控制模块。这一层是 BMS 系统的决策中心，负责数据的集中显示、查询、参数设置以及复杂的数据计算和处理。同时，它还负责数据的保存和备份，确保信息的完整性和可追溯性。

3. 电池模型

电池模型是 BMS 系统的重要组成部分，它采用先进的增强型自校正锂离子电池等效电路模型。该模型充分考虑了温度、滞回电压、欧姆电阻、RC 阶数等多种影响因素，为 SOC 估计算法提供了坚实的模型基础。通过精确描述锂离子电池的工作外特性，模型能够准确反映电池在不同条件下的性能表现，为电池管理提供科学依据。

4. 电池 SOC 估算

电池储能设备的 SOC 估算采用高精度算法，结合安时积分和开路电压校正方法，进一步引入神经网络法对磷酸铁锂电池的 SOC 进行精确估算。这种组合算法将估算误差控制在 5% 以内，显著提高了 SOC 估算的准确性和可靠性，为电池组的优化管理和高效运行提供了有力支持。

5. 电池均衡控制

基于电池单体电压、单体 SOC、单体 SOH 以及历史数据等多维度综合均衡判据，BMS 系统采用被动均衡与主动均衡相结合的控制策略。这种策略能够显著改善成组电池的一致性、提升可用容量、延长电池寿命，确保电池组在长期使用中保持最佳性能状态。

6. 电池安全保护

BMS 系统高度重视电池的安全保护，采取了多层次、全方位的保护措施。

采用 ASIL－B 级保护策略：具备先进的自我故障诊断和容错技术，对模块自身软硬件进行实时自我检测，确保硬件保护措施不会因 BMS 故障而失效，从而保障储能系统的整体安全。

完善的软硬件保护设计：实施分级预警、告警以及保护动作等分级保护机制，对电压、湿度等关键参数进行变化率保护和多级阈值保护，确保电池在任何异常情况下都能得到及时有效的保护。

全面的 SOE 及故障录波功能：提供丰富的本地与远程数据记录功能，满足现场运行状态的实时监控和事后分析需求，确保历史事件可追溯、故障问题可分析，有效解决储能系统发生故障时的责任划分问题。

多层级消防联动保护系统：设计 pack 级消防系统，采用多传感器融合技术（特征气体、烟雾、温度）结合非标锂电池热失控判断算法，实现锂电池热失控的早期分级预警和快速灭火干预，确保电池组的安全运行。

7. 储能系统防护措施

为了确保储能系统的全面安全，采取了内外结合、多重防护的综合性措施。

（1）内部安全

阻燃添加剂的应用：添加对电池电化学性能影响小的阻燃添加剂，提高电池本身的阻燃性能。

热失控阻隔设计：采用"三明治"式结构阻隔方法，有效阻隔电池组内的热失控传播，防止局部热失控引发整体事故。

（2）外部安全设计

电气系统安全设计：确保电气系统的绝缘性能、过载保护、短路保护等安全措施到位。

BMS 在线热管理及干预：通过 BMS 系统实时监测电池温度，一旦发现异常立即采取切断充电电源、降低功率等干预措施。

电解液泄漏检测：设置电解液泄漏检测装置，及时发现并处理电解液泄漏隐患。

综合热管理系统：采用先进的热管理技术，确保电池工作在正常温度范围内，提高电池的安全性和寿命。

（3）早期热失控预警

热失控探测系统：根据电池热失控前的表征参数体系，建立早期热失控探测系统，实现提前预警。

系统联动控制：实现 BMS、电力转换系统（Power Conversion System，PCS）、空调等系统的联动控制，确保在热失控初期即能采取有效措施进行干预。

（4）防护技术及控制

安全防护技术和联动控制策略：研究并应用先进的电池系统安全防护技术，制定科学的联动控制策略，确保在紧急情况下能够迅速响应并有效控制事态发展。

PACK 箱体热扩展防护：对 PACK 箱体进行热扩展防护设计，扑灭初期电池火灾，延迟热失控传播时间，为后续救援和故障处理赢得宝贵时间。

（5）外部消防接口

淹没式消防设计：对接消防车采用淹没式消防设计，确保在火灾发生时能够迅速有效地扑灭火焰，保护储能系统的安全。同时，这种设计也便于消防人员进行紧急救援和事故处理。

8. 电芯状态评估技术

基于储能电站的在线监控数据与电池本征参数，我们可深入进行锂离子电池的精细建模，以准确表征电芯的最大容量、内阻变化等关键指标，进而全面评估电芯的实际状态、老化程度及剩余寿命。其中，电池寿命的精准评估是此技术的核心。

（1）电池实际运行过程中的关键参数

①电池整体参数：这涵盖了电池电压、电流、温度以及充放电循环次数等一系列重要指标。这些参数不仅直接反映了电池的整体工作状态，更是评估其健康状态不可或缺的基石。例如，电压的波动可能预示着电池性能的衰退，而循环次数的增加则通常伴随着电池容量的逐渐降低。

②正、负电极参数：正负电极的材料选择及其特性对电池性能具有决定性影响。电极的厚度、孔隙率、导电性等因素均会显著影响电池的充放电效率与稳定性。通过细致分析这些参数，我们可以更深入地理解电池性能的变化规律。

③正、负极层间参数：电极层间的界面特性对电池内部反应具有重要影响。如电解液与电极之间的接触电阻、SEI膜的形成与演化等，都是影响电池性能与寿命的关键因素。对这些参数的精确测量与分析，有助于揭示电池老化的内在机制。

④正、负极材料颗粒特性：电极材料颗粒的尺寸分布、形貌结构及其表面性质，对活性物质的利用率和电化学反应速率具有重要影响。这些微观特性不仅决定了电池的初始性能，还在长期使用过程中逐渐显现，成为电池老化的一个重要标志。

⑤化学反应参数：电池内部发生的各种化学反应，如锂离子的嵌入/脱出过程、副反应的发生等，都直接关系到电池的能量密度和循环寿命。通过实时监测这些反应的动力学参数，我们可以更深入地了解电池的老化过程，为延长电池寿命提供有力支持。

⑥电压数据：电压作为反映电池状态最直观的参数之一，其变化曲线能够提供关于电池荷电状态、健康状态等宝贵信息。通过精确测量和分析电压数

据，我们可以及时发现电池的异常状态，确保电力系统的安全稳定运行。

⑦电流数据：电流的大小和方向变化同样反映了电池的工作模式。大电流充放电会导致电池发热增加、老化速度加快，因此电流数据也是评估电池性能退化的重要依据。通过监测电流变化，我们可以及时调整充放电策略，以延长电池使用寿命。

⑧温度数据：温度对电池性能具有显著影响。高温会加速电池内部化学反应的速度，增加热失控的风险；而低温则可能降低锂离子扩散速率，影响电池的输出功率。因此，对电池温度的实时监控是确保电池安全运行的关键措施之一。

（2）电芯状态评价技术的独特特点

①电池健康状态的精准描述与老化机理的深入揭示：通过综合分析上述多维度参数，我们可以构建出详尽的电池健康档案，揭示其老化过程中的物理和化学变化。这不仅为预测电池寿命提供了坚实基础，还为优化电池设计与维护策略提供了有力支持。

②电池性能退化因素的精确定量分析：基于先进的数学模型和实验数据，电芯状态评价技术能够量化各因素对电池性能退化的具体影响程度。这有助于我们识别主要的老化驱动因素，为制定针对性的优化措施提供科学依据。

③模型复杂度高、参数众多、计算量大：由于电池系统的复杂性，建立高精度的电池模型需要考虑大量相互关联的参数。这要求采用先进的数值模拟方法和高性能计算资源，以处理庞大的数据集并求解复杂的非线性方程组。尽管挑战重重，但这也是提升电芯状态评估精度的关键。

④锂离子电池内部物理、化学参数获取难度大：相较于外部参数的轻松测量，获取电池内部的真实情况却是一项艰巨任务。通常需要借助专业的测试设备和技术手段，如原位 X 射线衍射、核磁共振成像等，才能深入探究电池内部的动态变化。这些技术的运用不仅提高了评估的准确性，也为我们更深入地理解电池性能提供了有力支持。

⑤锂离子电池外部参数测量便捷：与内部参数相比，电压、电流、温度等外部参数可以通过常规传感器轻松获得，且成本较低。这些数据构成了电芯状态评估的基础资料库，为后续的高级分析提供了丰富的信息源。通过实时监测这些参数，我们可以及时发现电池的异常状态，确保电力系统的稳定运行。

⑥分析时效性强、响应迅速：现代电芯状态评估技术利用实时监测数据，能够在短时间内完成对电池状态的快速评估。这不仅提高了评估的时效性，还使得我们能够及时发现潜在问题并采取相应措施，确保电力系统的安全稳定运行。

⑦易受数据不确定性和不完整性的影响：由于实际应用环境的复杂性，所采集的数据可能存在噪声干扰或缺失现象。这就要求评估算法具备良好的鲁棒性和容错能力，以应对数据质量不佳的情况。通过不断优化算法和引入智能处理技术，我们可以提高评估的准确性和可靠性。

⑧依赖庞大数据量以提升评估精度：为了提高电芯状态评估的精度和准确性，必须积累足够数量的历史数据，并结合机器学习等智能算法进行训练和优化。这不仅可以帮助我们捕捉到电池行为的细微差异，还能不断改进评估模型的泛化能力和适应性。通过持续的数据积累和分析，我们可以不断提升电芯状态评估技术的水平，为电力系统的安全稳定运行提供有力保障。

二、储能电站工程关键技术

（一）箱式储能系统

1. 单个40尺集装箱电池成组方案

储能电池系统作为现代能源存储的重要组成部分，其成组方案的设计至关重要。以下是针对40尺集装箱的详细电池成组方案：

该方案采用磷酸铁锂电池作为核心储能元件，具有高能量密度、长循环寿命和优异的安全性能。集装箱内共布置有14个电池架，每个电池架上放置1个电池簇，以确保电池组的均匀分布和散热效果。每个电池簇则精心配置了6个电池标准箱，这些标准箱通过精密的组装工艺形成高效的电池模块。电芯容量高达280Ah，为系统提供了充足的储能能力。

整个系统共包含14簇电池，合计84个电池标准箱，构成了强大而稳定的储能体系。这种成组方案不仅提高了电池组的能量密度和可靠性，还便于集装箱的运输和安装，为储能电站的建设提供了极大的便利。

2. 集装箱平面布置图及详细设备说明

（1）集装箱结构与设计

本储能系统采用40尺标准集装箱作为载体，既适用于户外放置，也可根据现场情况调整为室内放置方案。集装箱内部被精心分隔为电气仓和电池仓，以实现电气设备与电池的完全分离。电气仓内安装了双向变流器，负责电能的转换与传输；而电池仓则集中放置了电池柜、直流汇流柜、交流配电柜、消防系统、温度控制系统及散热风道等关键设备，确保了储能系统的高效运行和安全防护。

为进一步提高安全性，电气仓和电池仓之间设置了一道耐火隔离门，有效隔绝了电气设备发热对电池仓的影响，为储能电池提供了一个更加稳定的工作环境。

（2）汇流柜详细说明

直流汇流柜作为箱式储能系统的核心设备之一，承担着将各电池簇并联汇流并输出至 PCS 的重任。它不仅具备出色的电气性能，能够满足高电压、大电流的工作需求，还配备了完善的监测与控制功能。

电气参数：汇流开关电压可达 1200V，电流可达 1100A，确保了系统的高效传输能力。同时，辅助触点的设置使得状态监测和分励脱扣功能得以实现，为系统的紧急控制提供了有力支持。

供电功能：通过内置的开关电源，汇流柜能够为电池堆内的所有 BMS 部件提供稳定的 24V 供电，确保了系统的正常运行。

数据采集与监测：DMU 模块负责采集汇流母线电压、电流等数据，并进行绝缘监测，为系统的安全运行提供了重要保障。

智能控制：汇流柜能够接收 BAMS 的命令，控制直流汇流总开关的分合，同时根据既定控制策略完成紧急分闸操作，并向 PCS 发出急停或降功率运行信号，确保了系统的快速响应和智能控制。

（3）中控柜功能介绍

中控柜作为集装箱内的核心控制设备，不仅为交流用电设备提供电源，还通过 UPS 为电池堆 BMS 部分提供不间断电源，确保了系统的持续稳定运行。

交流配电：中控柜完成了集装箱内工业空调、照明、消防、应急灯等设备的交流配电任务，同时保证了 BMS 部件的不间断交流配电需求，后备时间长达 0.5 小时。

信息采集与上传：中控柜能够实时采集集装箱内的自耗电情况、温湿度状态信息以及各开关门状态、消防状态信息等，并将这些数据上传至后台进行监控和分析。

负载均衡与保护：通过合理的配电设计，中控柜确保了整个配电系统中各相负载的平衡性，并提供了完备的保护功能，确保了系统的安全可靠运行。

信息查看与控制：中控柜内的触摸屏能够显示 BMS 系统的信息，并通过以太网通信将各堆 BAMS 连接至中控柜内交换机中，实现了对 BMS 系统的远程查看与控制功能。

（4）接地系统设计与实施

在储能集装箱的设计中，接地系统是一个不可忽视的重要环节。本方案采用了一次接地和二次部分接地的设计方式，确保了系统的安全可靠性。

一次接地：主要包括机柜外壳保护接地和防雷接地。保护接地通过将机柜外壳等金属部件与地之间形成良好的导电连接，确保了设备和人身的安全；而防雷接地则作为防雷措施的一部分，将电涌引入大地，避免了电气设备损坏或危及人身安全的风险。

二次接地：主要针对集装箱内的控制器件、端子、测量设备、屏蔽电缆等进行接地处理。这种接地方式提高了储能系统二次设备的抗干扰能力，降低了异常状况的发生几率，为储能箱内相关二次回路的安全可靠性提供了有力保障。

接地系统实施：本系统中三相交流电采用的是 TN－S 接地系统，这种系统通过将工作零线 N 和专用保护线 PE 严格分开，避免了电磁干扰的发生。同时，N 线与 PE 线的分开设计也确保了 N 线断线时不会影响 PE 线的保护作用，进一步提高了系统的安全可靠性。这种接地系统因其优异的安全性能而广泛应用于工业与民用建筑等低压供电系统中。

（5）消防系统

储能集装箱设备在消防系统的设计上，严格遵循国家相关规范，确保系统的高效、可靠。在系统防护区内，我们精心配置了高灵敏度的火灾报警系统，这一系统集成了温感、烟感等多种探测器，能够迅速、准确地检测到火灾险情。一旦检测到火灾，系统会立即通过警铃和声光报警器发出响亮的火灾报警，同时将火灾信息实时上传至消防主机，确保信息的及时传递与处理。更为关键的是，系统还能自动启动七氟丙烷柜式灭火系统，迅速投入灭火作业，有效遏制火势的蔓延。

①储能集装箱气体灭火系统：本系统专为单个防护区设计，采用无管网七氟丙烷气体灭火方式，确保灭火剂能够迅速、均匀地覆盖整个防护区，实现高效灭火。

②设计原理与控制方式：系统融合了自动与手动两种控制方式，以满足不同场景下的使用需求。各保护区均设有两路独立的探测回路，当其中一路探头探测到火警时，系统会立即发出警报，并指示火灾发生的具体位置，提醒工作人员迅速应对。若第二路探测器也发出火灾信号，自动灭火控制器将自动进入延时阶段（延时时间可根据实际情况在 $0 \sim 30s$ 内调整）。延时结束后，系统会向对应保护区的启动瓶发出灭火指令，依次打开电磁阀、储气瓶，释放灭火剂进行灭火。同时，报警控制器会接收压力信号器的反馈信号，并在控制面板上显示喷放指示灯，以便工作人员实时了解灭火进度。在手动模式下，报警控制器仅发出报警信号，不执行灭火动作。需由值班人员确认火警后，通过按下报

警控制面板上的应急启动按钮或保护区门口处的紧急启停按钮来启动系统。

③系统配置与布局：本设计为全淹没组合分配系统，根据工程实际情况和国家现行规范要求，我们设置了一整套独立式灭火系统，确保系统的独立性和可靠性。

④防护区结构要求：为了确保灭火效果，防护区的围护结构及门窗的耐火极限均高于 0.5 小时，吊顶的耐火极限也高于 0.25 小时。同时，围护结构及门窗的允许压强也高于 1200Pa，以确保在灭火过程中结构的稳定性和安全。

⑤储瓶间设置：储瓶间的位置及尺寸均根据系统平面图精确确定，其耐火等级高于二级，确保在火灾发生时储瓶间的安全。储瓶间门近通道处还开设了若干小孔，以便通风换气，保持储瓶间的空气流通。

⑥泄压装置设置：为了防止灭火过程中因压力过高导致防护区结构受损，我们在防护区设置了泄压装置。该装置安装在集装箱壁上，且位置高于防护区净高度的 2/3，确保在需要时能够及时泄压。

⑦灭火系统储存与设计：灭火系统的储存装置未设置备用量，而是按照系统储存设计用量的 100% 进行设置，确保灭火剂的充足。同时，灭火系统的设计温度为 20℃，以适应大多数环境下的使用需求。储存装置设在专用储瓶间内，靠近防护区，便于快速响应。储瓶间符合建筑物耐火等级不低于二级的有关规定，并设有直接通向室外的出口，确保在紧急情况下人员能安全疏散。

七氟丙烷气体灭火系统的主要组件均经过精心设计与选型，如储瓶瓶头阀采用黄铜材质，确保长时间存放不易腐蚀生锈；配置有安全泄爆装置和安全帽，确保生产、运输、安装等过程中的安全性；采用双密封压差式结构，提高密封性能；高压连接软管采用挠性软管结构，方便调节；气体灭火系统启动管道设置有低压安全泄漏装置，防止误喷等。

（6）视频监控系统

为了实现对储能集装箱内设备的全方位监控，我们安装了高效、稳定的视频监控系统。系统核心由摄像机、POE 交换机、网络视频录像机（Network Video Recorder，NVR）及网络组成。摄像机通过网线将清晰的视频图像实时传输至 POE 交换机，再经 POE 交换机传输至 NVR 进行存储与处理。同时，系统还支持语音信号的同步录入与传输，确保监控画面的完整性与真实性。

操作人员可通过电脑远程发出指令，轻松控制云台的上、下、左、右动作及镜头的调焦变倍操作。此外，系统还支持在多路摄像机及云台之间进行灵活切换，满足不同监控需求。通过特殊的录像处理模式，可对录入的图像进行回放、处理等操作，确保录像效果的清晰与流畅。

本视频监控系统采用网络传输方式实现远程监控，具有显著优势。只需在

Internet 网络上安装浏览器插件或远程监控软件，即可轻松监看和控制现场设备。这种传输方式不仅方便快捷，还大大降低了监控成本。同时，通过网络传输，客户可在远方实时监控到现场设备的运行情况，及时发现并处理潜在问题。

储能箱内安装的摄像头具备出色的监控性能，最大监控距离可达 50 米，完全覆盖整个箱体。摄像头还支持 3D 降噪、强光抑制、背光补偿等多种功能，确保在各种复杂环境下都能获得清晰、稳定的监控画面。此外，摄像头的防护等级高达 IP67，能够抵御恶劣的工业环境，确保长期、稳定的运行。

（二）空调通风设计要素分析

1. 空调通风设计要素

在储能集装箱的空调通风设计中，需综合考虑以下关键要素以确保系统的高效、稳定运行：

地理位置与气候环境：需评估极端温度、湿度及日光辐射强度对系统的影响，为空调选型及制冷/制热能力设计提供依据。

室外空气品质：考虑空气中腐蚀性气体、灰尘、易燃易爆物质的含量，以及正压与过滤需求，确保室外空气进入室内前的净化处理。

防护性能：系统需具备防水、防潮、防火、防尘、抗震、抗爆等性能，以适应各种恶劣环境。

室外机散热通风：确保室外机有足够的散热空间及通风条件，避免过热导致系统性能下降。

室内设备发热与布置：分析室内设备逐时发热状况，合理布置冷热通道，优化温度场分布，提高空调效率。

箱体性能：选择保温隔热性能良好、气密性佳、遮阳效果强的箱体，减少能量损失。

系统可靠性：采用备份（$N+1$）设计，确保系统可靠性；考虑冬季制冷需求，满足全年运行要求。

远程监控：实现空调系统的远程实时监控，便于及时发现并处理故障。

运行策略：根据室内外环境及设备需求，设置合理的室内温度，实现系统最优性能。

节能措施：采用冷热回收、自然冷却、变频调节等节能技术，降低系统能耗。

变频机组选择：选用全年能效比高、运行范围宽、高风速/低潜热的变频机组，提高系统效率。

设备可维护性：确保空调系统及其组件易于维护，降低后期运维成本。

2. 箱体内部除尘

净化保护：对空调及内部设备进行净化保护，延长设备寿命，提高系统稳定性。

过滤器配置与清洗：空调需配置高效过滤器，并定期清洗或更换，确保空气清洁度。

换热器维护：避免换热器被堵塞，导致系统性能下降或损坏，定期检查和清理。

新风正压控制：采用主动式新风正压控制，防止室外污染空气进入室内。

热回收与排风：结合散热通道的排风进行热回收，但需考虑运行区间和能效问题。

新风负荷管理：单独设置新风系统时，需考虑新风负荷对空调系统的影响，可与自动门联动以降低能耗。

（三）集装箱吊装以及安装方案

1. 吊装集装箱现场条件

确保储能集装箱各门紧锁，防止吊装过程中物品掉落。

根据现场条件选择合适的吊车或起吊工具，确保承重能力、臂长和旋转半径满足要求。

如需斜坡移动，需配备额外牵引装置。

清除所有障碍物，确保吊装路径畅通无阻。

选择天气条件良好的时段进行吊装，避免恶劣天气影响安全。

设置警告牌或警示带，确保非工作人员远离吊装区域。

遵守项目所在国家/地区的集装箱作业安全规程，确保所有设备经过维护，人员接受培训。

2. 注意事项

严格按照吊车安全操作规程操作，确保现场安全。

吊运安装时应有专业人员指挥。

吊索强度需满足至少50t的起吊要求，连接处安全可靠。

吊索长度可根据现场调整，确保储能集装箱平稳起吊。

使用储能集装箱的四个顶角件进行起吊。

采取必要辅助措施确保起吊安全顺利。

3. 连接件的紧固

使用带有吊钩或 U 形钩的吊索进行吊顶作业。

确保起吊装置与储能集装箱箱体正确连接。

4. 起吊过程

垂直起吊储能集装箱，避免在地面或下层箱顶上拖曳。

储能集装箱调离支撑面 300mm 后暂停，检查吊具与集装箱连接情况，确认牢固后继续起吊。

集装箱到位后轻放、平稳着落，严禁通过甩动吊具放置。

放置场地应坚实平坦、排水良好、无障碍物或突出物，仅由四个底角件支承。

严格遵守项目所在国家/地区的各项安全操作标准和规范，确保起吊过程安全无误。

第三节 智能配电网中储能技术的应用

一、储能变流器拓扑及运行控制技术

(一)储能变流器典型拓扑结构

储能变流器，作为储能系统中的核心部件，承担着控制储能电池充电与放电、实现交直流能量双向转换的重任。在离网模式下，它能直接为负荷供电；并网运行时，则能精准调节电网的有功与无功功率。以下将详细介绍储能变流器的两种典型拓扑结构：单级与双级。

1. 单级拓扑结构

单级变换储能系统，其特色在于仅采用一个双向 AC/DC 变流器。此变流器的直流端直接与储能装置相连，而交流端则与电源（电网或其他分布式电源）或负载相接。充电时，变流器以整流模式工作，将交流电源的能量通过三相全控整流桥转化为直流，为储能装置充电（若系统离网独立运行，交流端仅接负载，此时需额外配置充电设备为储能系统充电）。放电时，变流器切换至逆变模式，通过三相全控逆变桥将储能装置中的直流能量转换为交流电，供给电网或负载。

单级拓扑的显著特点包括：

电路简洁：结构直观，便于维护。

高效转换：能量转换效率高，系统损耗小。

控制简便：易于实现有功与无功的统一调控，并网与离网模式切换顺畅。

纹波问题：直流侧存在二倍频低频纹波及高频开关纹波，对 LC 滤波器设计提出挑战，影响电池控制精度及充放电速度。

电压范围限制：直流侧电压范围有限，大容量设计时电池组需串并联组合，增加了成组难度；单组电池故障会影响整体系统性能。

故障影响：交流或直流侧故障时，电池侧可能承受冲击电流，缩短电池寿命。

2. 双级拓扑结构

双级变换储能系统则结合了 AC/DC 变流器与 DC/DC 变换器的优势。其中，双向 AC/DC 变流器的交流端连接电源或负载，而直流端则通过双向 DC/DC 变换器与储能装置相连。DC/DC 变换器不仅具备变流功能，还能调节电压，直接控制直流侧的充放电电流及母线电压，从而精确管理输入输出有功功率。并网时，AC/DC 变流器负责系统与电网间的功率交换；离网时，则提供系统的电压与频率支持。

双级拓扑的特点在于：

结构复杂：相较于单级，电路结构更为复杂，能量转换效率略低，系统损耗稍大。

控制挑战：控制系统更为复杂，需协调 AC/DC 与 DC/DC 两套控制策略。

纹波控制：直流侧无须复杂的 LC 滤波器，电池侧纹波小，控制精度高，充放电转换迅速。

设计灵活性：大容量设计时，直流侧可采用多个 DC/DC 变换器，每个单元独立连接电池组，降低了电池组配置难度；单组电池故障不影响整体系统性能。

故障保护：得益于 DC/DC 电路环节的存在，交流或直流侧故障时能有效隔离故障，保护电池免受冲击电流影响，延长电池使用寿命。

（二）储能变流器运行控制技术

储能系统的双模式切换，即并网运行模式和离网运行模式的转换，是确保电力系统稳定、连续供电的关键技术。以下是对这一切换过程的详细阐述及扩写：

1. 并网转离网切换控制

储能变流器在并网模式下通常采用 P/Q 控制或恒压控制，以实现对电网的有功和无功功率输出或维持电网电压稳定。然而，在电网计划性停电或突发性故障时，储能系统需要迅速切换到离网模式，继续为负载供电，确保不间断电力供应。

切换过程：并网转离网的切换主要发生在电网异常或计划停电时。储能变流器需迅速从并网控制模式切换到离网 U/f 控制模式。这一过程中，变流器会捕捉切换前电网电压的相位，作为离网模式下电压型变换器控制的初始电压相位。随后，并网开关断开，同时变流器切换为 U/f 电压型控制方式，确保输出电压和频率的稳定。

控制逻辑与步骤：

①监测与判断：持续监测脱网调度指令或电网"孤岛"状态信息，确认是否需要脱网。

②指令发出：一旦确认脱网要求，立即发出分断并网开关的指令。

③控制模式转换：变流器从 P/Q 控制或恒压控制转换为 U/f 控制，并跟踪外电网电压相位。

④延时等待：确保并网开关可靠关断后，进行短暂的延时等待。

⑤基准控制：变流器以标准电压（如 380V）和频率（如 50Hz）为基准，进行 U/f 控制，确保输出电压和频率的稳定。

主动与被动切换：

主动切换：在电网计划检修而需要停电时，储能系统能够主动接收到停电指令，并提前进行离网准备，实现平滑切换。此时，断网前会跟踪电网电压的幅值和相位，确保断网时刻负载电压不突变。

被动切换：当电网出现故障时，储能系统需快速识别并迅速切换到离网模式。由于切换时间极短，可能导致负载电压出现短暂下降。为提高切换的平滑性，通常采用频率和幅值检测相结合的方法快速判断电网故障。

2. 离网转并网同期控制

当电网恢复正常或需要重新并入电网时，储能变流器需要从离网 U/f 控制模式切换到并网 P/Q 控制或恒压控制模式。这一过程称为"同期"，需要确保变流器输出电压与电网电压在幅值、频率和相位上完全一致。

同期控制重要性：由于离网供电时变流器输出电压可能与电网电压存在偏差，因此在并网前必须通过锁相环等技术实现精确同步，以避免并网时产生过电压尖峰或对负载造成电流冲击。

控制逻辑与步骤：

①并网条件检测：检测电网电压、频率等参数是否满足并网条件。

②锁相跟踪：通过锁相环技术实现变流器输出电压与电网电压的幅值、频率和相位的一致。

③并网开关闭合：在确认同步后，闭合并网开关。

④功率控制调整：逐渐增加变流器功率控制量至给定功率值，实现平稳并网。

并网调节与同期检测：在并网前，变流器会以略低于电网频率（如低 0.1Hz）进行运行调节，并进行同期检测。通过不断调整输出电压和频率，使其与电网电压和频率达到完全一致。当满足并网要求时，发出并网开关合闸信号。同期装置检测同期并网成功后，储能系统即转入并网模式待机状态，等待监控系统的进一步功率或电压指令。若在规定时间内未能完成并网，则判定为"同期失败"，需进行相应的故障处理。

3. 多机并联协调控制

多个储能系统并联运行时，为确保系统稳定、高效且灵活地运行，协调控制策略的选择至关重要。其中，主从控制和对等控制是两种最为常见的控制策略。

（1）主从控制策略

主从控制策略，特别适用于储能系统处于孤岛（离网）状态时的协调运行。在此策略下，各个储能系统被赋予不同的角色和职能，通过通信线路实现紧密协作。通常会选定一个或几个储能系统作为主电源，它们负责提供稳定的电压和频率参考，采用 U/f（电压/频率）控制模式。而其他储能系统则作为从电源，遵循 P/Q（有功/无功）控制模式，根据主电源的指令调整自身的输出功率，以实现整个系统的功率平衡和电压、频率的稳定。

在主从控制模式下，主电源的持续稳定运行是系统稳定的关键。它产生的正弦电压波形为整个系统提供了基准，而从电源则通过精确的功率控制来响应主电源的指令。这种控制模式不仅避免了锁相环的复杂同步控制，还实现了良好的负载均分效果，使得系统扩容变得简单且灵活。采用 $N+1$ 的运行方式时，即使某个电源出现故障，系统也能迅速调整并维持正常运行，从而大大增强了系统的可靠性和稳定性。

然而，主从控制策略也存在一些局限性。首先，主电源的选取和容量要求较为严格，一旦主电源出现故障，整个系统的运行将受到严重影响。其次，该策略依赖通信网络的可靠性，任何通信故障都可能影响系统的协调控制效果。

（2）对等控制策略

对等控制策略则是一种更为灵活和民主的控制方式。在此策略下，各个储能系统被赋予平等的地位，没有主从之分。它们都以预先设定的控制模式参与系统的有功和无功调节，共同维持系统电压和频率的稳定。离网运行时，每个储能系统都会根据自身的测量数据和下垂特性曲线来调整输出，以实现系统的自我调节和平衡。

下垂控制是对等控制策略中的核心技术之一。它模拟了传统电网中同步发电机的调节特性，通过调整储能系统的输出有功和无功来响应系统电压和频率的变化。这种控制方式不仅实现了系统的冗余运行，还提高了系统的可靠性和灵活性。即使某个储能系统因故障退出运行，其余系统也能迅速调整并继续维持系统的稳定运行。

对等控制策略的优点在于其高度的灵活性和可扩展性。由于每个储能系统都是独立的控制单元，因此系统扩容变得非常简单。只需对新加入的储能系统采用相同的控制策略即可实现无缝接入，无须对现有系统进行任何调整。同时，这种控制策略还实现了"即插即用"的功能，使得安装和维修变得更加方便。

然而，对等控制策略也存在一些挑战和不足之处。首先，由于下垂控制的存在，系统电压和频率可能会存在一定的偏差。其次，系统的暂态响应速度可能较慢，需要一定的时间来达到新的稳定状态。此外，下垂控制还无法解决由于线路阻抗不匹配或测量误差所导致的环流问题。因此，在实际应用中，需要根据具体的系统需求和条件来选择合适的控制策略。

总的来说，主从控制和对等控制各有其优缺点和适用场景。在实际应用中，应根据系统的具体需求、容量、可靠性要求以及技术条件等因素来综合考虑并选择合适的控制策略。

二、储能技术在配电网中的应用

（一）储能参与削峰填谷的深化应用

随着城市化进程的加速推进和电力负荷的持续攀升，电力峰谷差异日益显著，给电力系统的稳定运行和电力企业的经济效益带来了严峻挑战。传统的通过增加发电、输电和配电设备来应对负荷增长的方式，不仅资金投入巨大，而且尖峰负荷的调节时间短暂，导致资金利用效率低下。储能系统作为一种高效、灵活的电力调节手段，通过实现发电与用电之间的解耦及负荷的有效调节，为缓解电力峰谷差提供了新的解决方案。

储能系统接入配电网后，能够充分利用低谷电价时段的电能进行存储，而在高峰电价时段则作为电源释放电能，实现对电力系统负荷侧有功功率的精准控制和负荷峰谷的有效转移。这种"低谷储能、高峰释能"的运营模式，不仅改善了电网的负荷特性，降低了电网备用容量和调峰调频机组的需求，还显著减轻了高峰负荷时输电网的潮流和功率损耗，从而减少了输电网络的设备投资和维护成本。

在具体应用上，电池储能单元可以灵活地接入用户侧交流母线的低压侧，与用户共用上级升压变压器，实现资源的优化配置。同时，它也可以作为独立的基本单元，通过储能系统自身的升压变压器接入用户侧上级高压交流母线并网点，进一步拓宽了其应用范围。这种灵活多样的接入方式，使得储能系统能够更好地满足不同电压等级和电网结构的需求，为削峰填谷提供更加精准、高效的解决方案。

（二）储能提升配电网对新能源消纳能力的综合策略

新能源发电受环境和天气条件的影响较大，其波动性、间歇性和可控性差等特性给配电网的稳定运行带来了诸多挑战。储能系统作为一种重要的电力调节和支撑手段，能够同时提供有功和无功支撑，稳定电网末端节点电压水平，提高配电变压器的运行效率，从而显著提升配电网对新能源的消纳能力。

具体来说，储能系统可以通过以下三个方面来提升配电网对新能源的消纳能力：

首先，储能系统能够平滑新能源发电的功率波动。当新能源发电出力骤升时，储能系统可以吸收多余的功率；而当新能源发电出力骤降时，储能系统则可以输出功率进行补充。通过借鉴信号处理中的低通滤波原理，储能系统可以根据新能源出力的变化进行功率输出的动态调整，从而快速实现功率波动的平滑，确保电网的安全稳定运行。

其次，储能系统能够跟踪新能源的计划出力。通过配置一定容量的储能系统，并对其进行精确的控制和管理，可以使得新能源与储能的联合出力更加接近新能源的功率预测曲线。这不仅提高了新能源输出的可调度能力和可信度，还有效弥补了新能源独立发电时预测不准确的缺点，为配电网的调度和运行提供了更加可靠的数据支持。

最后，储能系统还能够有效解决弃风弃光问题。在新能源发电渗透率较高的配电网中，由于网架输送能力薄弱或就地负荷不足等原因，往往会出现新能源发电受限或弃风弃光的现象。而储能系统则可以在这些时段吸收受限功率之外的多余新能源发电，并在需要时释放电能进行补充。以光伏发电为例，在光伏出力高峰段（如10：00～15：00），储能系统可以吸收多余的光伏发电；而在光伏发电非出力高峰期或夜间等时段，储能系统则可以放出电能满足负荷需求。这种"储－放"结合的运行模式不仅提高了新能源的利用率和经济效益，还有助于减少对传统能源的依赖和环境污染。

（三）储能作为配电网应急电源的创新应用

现代社会对供电品质的要求越来越高，任何突然的断电都可能对人们的正常生活秩序和社会的正常运转造成严重影响。特别是对于一级负荷中的特别重要负荷而言，一旦供电中断将可能导致重大的政治影响或经济损失。因此，配备可靠、高效的应急电源成为确保电力供应连续性和稳定性的关键。

移动式应急电源车作为电网应急供电设备的主要力量之一，具有机动灵活、技术成熟、启动迅速等诸多优点。在城市电网应急、对抗重大自然灾害以及电力紧缺地区临时用电等中小型用电场所中发挥着越来越重要的作用。然而，传统的柴油发电机作为应急电源存在启动时间长、供电电压和频率波动大、效率低以及环境污染和噪声污染等问题。

采用移动式大容量储能系统作为应急电源可以有效解决上述问题。移动式大容量储能系统具有启动时间短（多为毫秒级）、能够无缝切换并/离网两种运行模式以及可以与配电网互动等显著优势。在用电低谷时，它可以充电储备电能；在用电高峰或紧急情况下，则可以放电提供电力支持。这种"削峰填谷"和"应急供电"相结合的运行模式不仅提高了电能质量和供电可靠性，还带来了重要的经济和社会效益。同时，移动式大容量储能系统还可以根据实际需要灵活配置和部署，为不同场景下的电力应急需求提供定制化的解决方案。

第五章　智能电网中的电力系统自动化技术

第一节　智能电网中的电力系统自动化基础理论

一、智能配电网与配电自动化

（一）浅析智能配电网、配电自动化

1. 智能配电网

智能配电网，作为电力系统配电网系统升级与智能化发展的结晶，不仅承载着传统配电网的电能分配与传输功能，更融入了高新智能技术，实现了对配电网系统的全面升级与优化。它依托集成通信网络，将先进技术如物联网、大数据、云计算等深度融合，引入先进设备，从而大幅提升了配电网系统的控制能力，确保了系统运行的安全稳定与高效。智能配电网具备强大的自愈能力，能够抵御各种不良因素的侵扰，如自然灾害、设备故障等，同时灵活应对用户电量需求的动态变化。在电力高峰期，智能配电网通过智能调度与控制，有效解决了跳闸、电力不足等问题，保障了电力供应的连续性和稳定性。此外，智能配电网的应用还极大地创新了电力系统的运行模式，提高了系统运行效率，优化了供电质量，为用户提供了更加优质、可靠的电力服务。

2. 配电自动化

配电自动化作为智能配电网不可或缺的关键组成部分，其核心价值在于实现低压状态下智能配电网的自动化运行与管理。它基于运营管理自动化的理念，通过集成微电子、自动化控制、计算机技术等多种技术手段，实现了对智能配电网系统的全面监控与智能控制。配电自动化具备强大的数据采集与分析

能力，能够实时收集配电网运行数据，对数据进行深度挖掘与分析，从而快速识别并定位故障点，实现故障的自动隔离与恢复。同时，配电自动化还实现了调度的"可视化"，使得运维人员能够直观掌握配电网的运行状态，及时发现并解决供电质量问题，提高了故障处理的效率与准确性。此外，配电自动化还融入了 GIS 平台，实现了配电信息的有效管理与共享，提高了配电网的控制力度与响应速度，能够迅速应对各种停电故障，确保电力系统的持续稳定运行。

（二）智能配电网、配电自动化的关系

智能配电网与配电自动化，两者相辅相成，共同构成了电力系统智能化发展的核心框架。它们都是电力系统智能化、信息化、自动化发展的重要体现，也是智能技术应用的关键领域。在现代化电力系统面临诸多挑战与机遇的背景下，协调好智能配电网与配电自动化的关系，对于激发两者的应用价值、获取更多发展优势具有至关重要的意义。

配电自动化作为自动化技术的一种，为智能配电网的发展提供了强有力的技术支撑。它通过集成信息技术、互联网技术等先进手段，实现了信息的高效交流与共享，打造了自动化信息采集与分析模式，为智能配电网的自动化运行提供了坚实的基础。同时，配电自动化还通过智能控制与分析，有效处理了配电网中的管理问题与故障问题，提高了配电网的运行效率与可靠性。

然而，智能配电网与配电自动化之间也存在一定的差别。智能配电网的智能化技术更为先进、成熟，且技术范围更加广泛。它不仅包含了配电自动化中的二次技术、一次技术，还融合了其他多种先进技术，如物联网、大数据、人工智能等。智能配电网在电力系统中的应用，旨在降低系统运行成本、提高能源利用效率、实现系统的开源节流，从而全面提升配电网的运行性能与服务水平。而配电自动化技术则更多地侧重于辅助智能配电网实现电力系统的智能化运行，完善智能配电网的发展模式，提高其自动化水平与智能化程度。

智能配电网在传统配电网系统的基础上，增加了电表信息读取统计、电网自动化运行、用户用电行为分析等功能，为用户提供了更加便捷、高效的用电服务与咨询。它通过智能化技术的应用，实现了对配电网系统的全面监控与管理，提高了电力系统的整体运行效率与服务质量。因此，在未来的电力系统发展中，应进一步加强智能配电网与配电自动化的融合与创新，推动电力系统的智能化、信息化、自动化水平不断提升。

（三）智能配电网与配电自动化发展趋势

1. 认真对待智能化发展要求，持续深化技术创新与融合

智能化作为未来电力系统发展的核心方向，对于智能配电网和配电自动化而言，其重要性不言而喻。为了实现这一目标，我们必须以更加坚定的决心和更加有力的措施，加大技术发展与智能创新的力度。在技术创新方面，要充分利用波载通信、物联网、大数据、人工智能等前沿技术，实现对配电系统信息的实时采集、高效处理和精准发布。通过为智能配电网增加远程电表读取、用户用电行为分析等功能，我们可以更加深入地了解用户需求，为提供定制化、个性化的电力服务奠定基础。同时，配电自动化技术也要不断创新，通过总结实际应用经验，优化信息处理流程，筛选出更有价值的信息资源，为智能配电网的智能化发展提供有力支撑。此外，还应注重技术的融合与集成，将用户电力技术、低压配电技术、数据分析技术、系统检测技术以及微处理技术等有机结合，共同推动配电自动化技术的升级与革新，从而进一步提升电力系统的安全性、稳定性和电能质量。

2. 高度重视配电网安全，全面提升运行功能与效益

随着智能配电网的快速发展，配电自动化技术已成为提升其运行效率和安全性的重要手段。我们必须充分认识到配电网安全的重要性，通过强化配电网运行功能，提高智能配电网的工作效益，为电力企业的长远发展创造更多优势。为了实现这一目标，我们需要加强对配电网安全的全面监控和预警，及时发现并处理潜在的安全隐患。同时，通过配电自动化技术的深入应用，实现配电网的自动化运行和故障快速检测与修复，确保配电网的安全稳定运行。此外，还应注重提升配电网的灵活性和可靠性，通过优化网络结构、提高设备性能等措施，增强配电网对各类负荷变化的适应能力，确保在特殊负荷下也能保持正常运行。

3. 深入探索新能源技术，推动配电网可持续发展与转型

面对全球能源危机和环境保护的双重挑战，智能配电网与配电自动化的发展必须紧密围绕新能源技术的应用展开。我们要加大对新能源技术的研究力度，通过利用太阳能、风能等可再生能源，减少智能配电网的能源消耗和碳排放量。同时，要积极推动配电网的环保运行和绿色转型，通过升级配电网的保护控制能力和优化能源结构，实现电力系统的可持续发展。在具体实践中，我

们要突破传统配电网中分布式发电的限制，以科学数据网格为载体，充分利用其强大的数据处理和分析能力，实现分布式能源的有效渗透和高效利用。这样一来，不仅可以在配电网中全面推广可再生能源的应用，降低电力企业的碳排放量，还可以节约更多的化石燃料资源，实现电力生产的节能减排和绿色转型。

智能配电网与配电自动化的发展是电力系统转型升级的必然趋势和要求。通过持续深化技术创新与融合、全面提升配电网安全与运行功能、深入探索新能源技术并推动可持续发展与转型等措施的实施，我们可以打破传统配电网的发展限制，实现电力系统的高品质、高水平、高环保、高标准"四高"发展目标。

二、智能电网调度自动化系统研究

（一）电网调度自动化系统的构建

1. 构建自动化系统支撑平台

电网调度自动化系统作为电力系统的核心组成部分，其稳定性和可靠性直接关系到整个电力系统的运行状况。因此，在构建自动化系统支撑平台时，必须充分考虑系统的稳定性、可扩展性和易维护性。多级分层客户端架构的引入，为系统提供了更为灵活和高效的运行方式。这种架构不仅降低了系统的复杂性，还使得系统更易于管理和维护。同时，分布式触发机制的采用，使得系统能够更快速地响应各种事件，提高了系统的实时性和响应速度。

实时数据库管理体制的建立，是自动化系统支撑平台构建中的另一关键环节。通过实时数据库，系统能够高效地存储、处理和分析海量的电力数据，为电网调度提供准确、及时的信息支持。此外，改进后的自动化系统在数据传输方面也取得了显著进步。批量导入和批量修改功能的实现，大大提高了数据处理的效率，为数据库提供了更多的缓存空间，增强了系统的容错能力。即使数据库出现故障，SCADA 服务器也能保持正常工作，确保电力系统的稳定运行。

2. 构建自动化系统新旧功能

SCADA 系统作为电网调度自动化系统的基石，其稳定性和功能性已经得到了广泛认可。然而，随着电力技术的不断发展，传统的 SCADA 系统已经难以满足现代电网调度的需求。因此，在构建自动化系统时，需要在保留传统功能的基础上，引入新的技术和功能，实现系统的升级和改造。

电网分析功能的增加，是自动化系统新旧功能构建中的重要一环。通过电网分析功能，系统能够对电力系统的运行状态进行实时监测和分析，及时发现并解决潜在的问题，提高电网的可靠性和稳定性。同时，电网分析功能还能够为电网调度提供更为精准的数据支持，帮助调度人员做出更为合理的决策。

在构建自动化系统新旧功能时，还需要充分考虑系统的可扩展性和可维护性。通过模块化设计、标准化接口等技术手段，使得系统能够更易于扩展和升级，满足未来电力技术发展的需求。同时，加强系统的运行维护和管理，确保系统的长期稳定运行，为电力系统的安全、可靠、高效运行提供有力保障。

（二）电网调度自动化系统的运行维护操作

1. 电网调度自动化系统硬件的运行维护

电网调度自动化系统硬件的运行维护是确保系统稳定运行的关键环节。硬件设备的稳定性和可靠性直接关系到系统的整体性能。因此，需要加强对硬件设备的日常检查和保养工作，及时发现并解决潜在的问题。

在硬件运行维护过程中，应重点关注设备的运行状态、性能指标以及安全隐患等方面。通过定期巡检、性能测试、故障排查等手段，确保硬件设备的正常运行。同时，还需要建立完善的备品备件制度，确保在设备出现故障时能够及时更换，减少系统停机时间。

2. 电网调度自动化系统人机界面的运行维护

人机界面是电网调度自动化系统与用户进行交互的重要窗口。良好的人机界面设计能够提高用户的操作效率，降低操作错误率。因此，在人机界面的运行维护过程中，需要关注界面的友好性、易用性以及稳定性等方面。

为了降低操作错误率，应加强对操作人员的培训和指导，提高他们的业务素质和操作技能。同时，还需要定期对站端信号进行维修和检查，确保信号的准确性和可靠性。此外，还应加强机房调度中心机组人员与操作人员之间的沟通与协作，确保人机之间能够和谐相处，共同维护电网调度自动化系统的稳定运行。

3. 电网调度自动化系统自测的运行维护

电网调度自动化系统的自测功能能够实时监测系统的运行状态，发现并解决潜在的问题。然而，自测功能并非万能，其准确性受到多种因素的影响。因此，在自测的运行维护过程中，需要加强对自测功能的监测和验证工作。

针对自测功能可能出现的问题，应建立完善的监测机制，定期对自测结果进行复核和验证。同时，还需要加强对系统采集数据的抽查和核对工作，确保数据的准确性和完整性。对于可疑数据或异常数据，应及时进行追溯和分析，找出问题所在并采取有效的解决措施。

此外，在自测的运行维护过程中，还应关注系统的升级和改造工作。随着电力技术的不断发展，自测功能也需要不断更新和完善。因此，在升级和改造过程中，应充分考虑自测功能的兼容性和可扩展性，确保自测功能能够持续为电网调度自动化系统的稳定运行提供有力支持。

三、电力系统中的电力调度自动化与智能电网的发展

（一）一体化技术在电力调度自动化系统中应用的重要性

①对系统网损进行优化管理，提升系统稳定性

在电力调度自动化系统中，一体化技术的引入为网损管理带来了革命性的变革。通过先进的算法和智能化的管理手段，一体化技术能够实时、准确地监测和分析电网运行中的网损情况。这种精细化管理不仅提高了网损管理的自动化和智能化水平，还大大增强了系统运行的稳定性。网损管理子系统作为电力调度自动化系统的重要组成部分，其独立而高效的工作模式确保了电网运行的连续性和可靠性，同时，对检测出的网损问题能够迅速响应，及时采取针对性措施，将网损降至最低水平，为电力系统的经济运行提供了有力保障。

②强化负荷管理，降低故障发生率

一体化技术在电力调度自动化系统中的另一大应用优势在于其对负荷管理的全面优化。该技术能够根据供电电网的实际情况，对电网的工作状态进行实时、全面的监测和分析。通过深入分析负荷数据，一体化技术能够精准地预测负荷变化趋势，为电力调度提供科学依据。同时，它还能根据监测结果对电力调度系统进行全方位优化，确保电网在高效、稳定的状态下运行，从而有效降低电网运行中的故障发生率。此外，一体化技术还能对电网系统的运行负荷状态进行精细化管理，确保电力调度自动化的高效性和准确性，为电力系统的安全、稳定运行提供坚实保障。

③提升办公效率，减少调度失误

在电力调度自动化系统中应用一体化技术，还能显著提升办公效率，减少调度失误。一体化技术通过实现调度信息子系统的智能化和自动化运行，完善

了电力调度信息管理系统。该系统能够自动收集、整理和分析电力调度信息，及时发现并解决电网运行中出现的问题。这种智能化的管理方式不仅提高了电力调度自动化系统的工作效率，还大大降低了人为因素导致的调度失误，为电力系统的安全、可靠运行提供了有力支撑。

（二）一体化技术在电力调度自动化系统中的应用实践

①构建一体化平台，消除系统差异

由于电力调度工作依赖计算机平台，而计算机操作系统的多样性往往导致电力调度平台之间存在差异，进而影响电力调度信息的传输效率。为了解决这一问题，一体化技术通过构建一体化的电力调度平台，利用中间耦合技术作为信息传输的桥梁，有效消除了因操作系统和硬件差异带来的系统间障碍。这一创新举措不仅提高了电力调度信息的传输效率，还降低了系统维护成本，为电力调度自动化系统的平台一体化建设奠定了坚实基础。

②实现电力调度图模一体化，提升管理效率

随着我国电力网络规模的不断扩大，电力调度信息的管理难度也随之增加。在电力调度模拟过程中，由于环节繁多、操作复杂，很容易出现错误，影响电力调度系统的正常运行。为了解决这一问题，一体化技术通过深入研究电网模拟的多边形规律，建立了一套通用的图库模型。这一模型能够实现对电力调度信息的统一管理和高效利用，大大提高了电力调度系统的管理效率，确保电网的安全、稳定运行。

③推动电力调度自动化功能一体化，实现资源共享

为了实现电力调度系统的高效、协同发展，一体化技术致力于推动电力调度信息和图形资源的共享。通过增设中间装置（如节点机）并安装在电力网络的合适位置，一体化技术为电力调度系统中的应用模块提供了坚实的基础。这些模块能够共享电力调度信息和图形资源，实现了电力调度自动化系统的一体化建设。这一创新举措不仅提高了电力调度系统的整体性能，还为电力系统的未来发展奠定了坚实基础。

④强化电力控制集中性，提升系统协同能力

在电力调度系统中，各项基本功能的独立运行往往导致系统协同能力的不足。为了实现电力调度系统的完善性和高效性，一体化技术通过加强电力控制集中性来解决这一问题。它要求电网模拟系统和电力系统之间保持高度同步，确保数据信息库和电网模拟之间的准确无误。通过这一措施，一体化技术提高了电力调度控制系统的集中性和协同能力，为电力系统的安全、稳定运行提供了有力保障。同时，在电力网络调度自动化系统中持续深化一体化技术的研究

和应用，不断提升其可靠性、合理性以及资源共享、接口问题、集中控制等方面的性能，将为电力调度自动化系统的发展注入新的活力。

第二节　智能电网中的电力系统自动化相关技术

一、智能电网调度自动化技术

（一）智能电网调度自动化概述

智能电网调度自动化，作为现代电力系统的重要组成部分，是自动化技术、智能技术、传感测量技术和控制技术等多种高科技手段的综合应用。它通过实现电网调度数据、测量、监控的全面自动化、数字化和集成化，不仅提升了电网调度的效率和准确性，还极大地促进了网络信息资源的高效共享。这一系统以坚强、可靠、通畅的实体电网架构和信息交互平台为基石，紧密围绕服务生产全过程的核心需求，整合了系统中的各种实时生产和运营信息。

智能电网调度自动化系统凭借其强大的信息获取能力，能够实时捕捉电网的全景信息，包括完整的、准确的、具有精确时间断面的电力流信息和业务流信息等。通过对这些信息的深度分析和挖掘，系统能够为电网运行和管理人员提供一幅全面、完整且精细的电网运营状态图。这不仅有助于他们更直观地了解电网的实时状况，还能为他们提供辅助决策支持，以及切实可行的控制实施方案和应对预案，从而最大限度地实现电网运行和管理的精细化、准确化、及时化和绩优化。

智能电网调度自动化的实施，还将进一步优化各级电网的控制结构。它构建了一个结构扁平化、功能模块化、系统组态化的柔性体系架构，通过集中与分散的灵活结合，实现了网络结构的灵活变换、系统架构的智能重组以及系统效能的最佳配置。这不仅提升了电网的服务质量，还实现了与传统电网截然不同的构成理念和体系。智能电网自动化技术的广泛应用，使得电网能够及时获取完整的输电网信息，从而极大地优化了电网全寿命周期管理的技术体系。这不仅承载了电网企业的社会责任，还确保了电网在实现最优技术经济比、最佳可持续发展、最大经济效益和最优环境保护方面取得显著成效。进而，优化了社会的能源配置，提高了能源的综合投资及利用效益。

（二）智能电网对调度自动化的新要求

1. 构建统一技术支撑体系

随着电网规模的不断扩大和复杂性的日益增加，调度中心面临着众多业务需求。这些需求的涌现推动了各套独立系统的建设和运行，但同时也带来了数据和功能上的交叉问题。由于缺乏整体规划，现有系统在架构灵活性和设计标准化方面存在明显缺陷。这导致了应用系统间数据共享困难、相互影响大、全局安全性和集成能力不足以及缺乏可以共享的统一信息编码等诸多运维难题。为了满足这些挑战，智能电网调度自动化要求构建全网一体化、标准化的技术支撑平台。这一平台应能够满足调度各专业之间的横向协同需求，同时实现多级调度之间的纵向贯通，为电网的安全、稳定和高效运行提供有力保障。

2. 加强规范化和标准化建设

标准化建设和运维是系统推广和互动的基础。然而，当前电网数据和模型存在多种版本，给系统的整合和互操作带来了巨大挑战。单一数据源和独立模型无法满足调度整体业务需求，而相互整合又面临较高的技术难度。因此，智能电网调度自动化要求加强规范化和标准化建设。这包括数据采集的标准化整合、电网模型和信息编码体系的统一以及多级调度主站和厂站的信息融合与业务流转等。通过实现这些标准化措施，可以大大降低系统间的耦合度，提高系统的可维护性和可扩展性。

3. 建立业务导向型功能规划

传统电网调度业务由于专业职能的划分而被人为拆分，导致调度自动化系统业务导向不明确。应用系统由不同专业部门分批建设，缺乏整体规划和统一的基础技术支撑体系。这种状况严重影响了系统的整体效能和协同性。因此，智能电网调度自动化要求建立业务导向型的功能规划。这意味着应以业务需求为核心，依托全网统一的技术支撑体系，规范各应用系统的接入方式和信息共享模式。通过实现信息在应用系统间的灵活互动，满足从调度计划、监视预警、校正控制到调度管理的全方位技术支持需求。这将有助于提升系统的整体协同性和响应速度，为电网的安全稳定运行提供更有力的支撑。

4. 应对智能电网发展新需求

随着智能电网的快速发展和新能源技术的广泛应用，电网调度面临着前所未有的挑战。配网侧双向潮流管理、电动汽车大规模应用等带来的电网负荷波动特性变化使得调度部门负荷预报和实时调控的难度进一步加大。同时，大容量新能源电源并网带来的电源输出不稳定性和不确定性也给运行方式的安排和执行带来了严峻挑战。为了应对这些新需求，智能电网调度自动化需要不断创新和发展。这包括加强新能源并网管理、优化负荷预测和调控策略、提升系统对新能源的适应性和灵活性等。通过不断适应和引领智能电网的发展潮流，智能电网调度自动化将为电力系统的可持续发展和高效运行做出更大贡献。

（三）智能电网调度自动化关键技术

1. 数据服务技术：奠定决策基石

数据在智能电网调度自动化系统中扮演着举足轻重的角色，它是所有调度决策的依据。智能电网调度自动化技术依托面向服务的体系结构（Service - Oriented Architecture，SOA）技术，构建了一套高效的数据服务体系。这套体系通过标准接口和数据注册中心，实现了电网数据的统一展示与融合，确保了数据的准确性和时效性。此外，全周期的电网设备管理策略被融入其中，通过对设备从采购、安装、运行到报废的全过程管理，进一步提升了电网调度过程中数据的可靠性。更为创新的是，虚拟服务技术的应用使得数据物理信息得以屏蔽，实现了数据的无差别访问，极大地简化了数据访问流程，提高了数据服务的灵活性和便捷性。

2. 应用服务技术：促进功能封装与灵活配置

SOA服务框架在智能电网调度自动化中发挥着核心作用，它实现了电网调度自动化各应用之间的有效封装。在传统电网调度系统中，功能重复、冗余的问题屡见不鲜，而SOA服务框架则巧妙地解决了这一问题。通过将重复的应用功能封装成独立的服务模块，这些模块可以根据实际需求进行灵活调用和组合，从而避免了功能的重复建设。同时，SOA框架还赋予了电网调度功能灵活配置的能力，使得调度系统能够根据实际调度需求进行动态调整，满足了电网调度功能的多样化需求。

3. 电网运行智能决策：提升决策效率与风险控制

随着电网调控运行一体化的不断推进，电网运行智能决策技术应运而生。通过构建一个调控一体化的智能运行系统，该技术实现了大量分布式能源和清洁能源的顺利、稳定接入，以及电力能源远距离输送的安全性和稳定性保障。

这一系统基于智能系统的智能应用，通过全面分析电网一次设备和二次设备的日常运行状态，构建了大电网运行状态下的专家系统。这一系统能够实时提供精准的电力调度决策建议，有效提高了电网运行的智能决策水平，对于电力调度决策的精益化以及电力系统运行风险的控制工作起到了至关重要的作用。

4. 智能在线仿真平台：助力调度智能化与精确化

面对日益复杂的电网规模和多样化的电网运行方式，传统的离线仿真方法已难以满足电网调度工作的需求。智能电网调度自动化技术通过构建智能在线仿真平台，实现了大电网的智能在线仿真计算功能。这一平台以分布式数据中心为基础，融合了多种高科技技术手段，能够实时模拟电网运行状态，为电力调度部门提供精确的仿真结果。同时，实时计划编制、在线模型校核等技术的引入，进一步提升了电力调度的智能化和精确化水平，为电网的安全、稳定运行提供了有力保障。

在打造低碳经济和建设智能电网的大背景下，电网调度自动化面临着前所未有的机遇和挑战。智能电网调度自动化应当紧跟时代步伐，充分利用先进的IT技术、智能化科技和通信技术，实现自动化系统的数据模型结构统一兼容和系统间的双向互动。通过分散运行与自由组合的结合，以及数据在系统群中的自由定位，智能电网将实现信息交互、需求交互的终极目标，从而为社会带来更大的经济效益和社会效益。

二、基于智能电网的电力系统自动化技术

（一）智能电网的重要性

随着全球能源需求的持续增长和环境保护意识的日益增强，智能电网作为电力领域的革新方向，正逐步展现出其巨大的潜力和价值。智能电网的建设不仅代表着电力技术的飞跃，更是对传统电力系统的一次全面升级。它通过集成先进的传感测量技术、自动化控制技术、信息技术以及通信技术，实现了电力系统的智能化、数字化和网络化。这种新型电网能够更有效地管理电力资源，提高电力传输和分配的效率，同时确保电力系统的安全性和稳定性。

智能电网的出现，为电力系统带来了诸多显著的改进。它能够有效解决电力系统中存在的诸如能源浪费、传输损耗大、供电不稳定等问题，使电力系统的运行变得更加高效、可靠。通过智能化的管理和调度，智能电网能够根据实际用电需求动态调整电力供应，从而避免能源的无谓浪费。同时，智能电网还

具备强大的自我修复能力，能够在发生故障时迅速定位并隔离问题，确保电力系统的持续稳定运行。

此外，智能电网的推广和应用还有助于推动电力行业的绿色转型。它能够通过优化能源结构，提高可再生能源的利用率，降低对传统化石能源的依赖。智能电网还能够实现电力资源的合理配置和调度，减少能源在传输和分配过程中的损耗，从而降低碳排放，为环境保护做出贡献。

可以说，智能电网的应用不仅提升了电力技术的水平，更使我国电力领域的发展与国际电力发展潮流相契合。通过智能电网的建设和运营，我们能够为用户提供更加优质、可靠的电力服务，同时促进电力行业的可持续发展，为经济社会的繁荣做出重要贡献。

（二）基于智能电网的电力技术及电力系统研究

1. 电力能源转换的研究

电力能源转换是电力系统中至关重要的一环。随着智能电网的发展，电力能源的转换技术也在不断创新和进步。智能电网通过集成先进的电力工程技术，实现了能量配比的优化和能源的高效利用。在智能电网中，电力能源的转换不仅变得更加高效，而且更加环保，符合低碳能源的发展趋势。

智能电网利用先进的电力电子技术，如变频器、整流器等，对电力能源进行精确控制和转换。这些技术能够实现对电力能源的灵活调节和高效利用，降低能源损耗，提高能源转换效率。同时，智能电网还通过优化电网结构，提高电力传输和分配的效率，进一步降低能源在传输过程中的损耗。

此外，智能电网还积极推动新能源和可再生能源的接入和利用。通过智能化的管理和调度，智能电网能够实现对新能源和可再生能源的优先调度和高效利用，降低对传统化石能源的依赖，推动电力行业的绿色转型。

2. 智能化电表的研究

智能化电表是智能电网中的重要组成部分，它实现了电表与电力系统的智能化连接和通信。智能化电表不仅具备传统电表的基本功能，如测量电能、记录用电数据等，还具备更多的智能化功能，如远程抄表、实时电价显示、用电行为分析等。

智能化电表通过内置的通信模块和智能芯片，实现了与电力系统的实时通信和数据交换。这使得电力系统能够实时获取用户的用电数据，为电力调度和能源管理提供准确的数据支持。同时，智能化电表还能够根据实时电价信息，为用户提供更加合理的用电建议，引导用户节约用电、合理用电。

在智能化电表的研发过程中，需要解决诸多技术难题，如通信协议的标准化、数据的安全性、电表的可靠性等。通过不断的技术创新和研发努力，智能化电表已经逐渐成熟并得到了广泛应用。它不仅提高了电力系统的智能化水平，也为用户带来了更加便捷、高效的用电体验。

3. 输电技术研究

输电技术是电力系统中至关重要的一环，它直接关系到电力传输的效率、安全性和稳定性。随着智能电网的发展，输电技术也在不断创新和进步。现代微电子技术、控制技术和通信技术的快速发展与融合，为输电技术的革新提供了有力的技术支持。

柔性化交流输电技术是输电技术中的一项重要创新。它利用先进的电力电子技术和控制技术，实现了对交流电的灵活控制和高效传输。柔性化交流输电技术能够根据需要动态调整电力传输的电压、电流和相位等参数，从而提高电力传输的效率和稳定性。同时，它还能够实现对电力系统的实时监测和故障诊断，提高电力系统的安全性和可靠性。

在智能电网中，特高压输电是一项重要的输电技术。特高压输电能够大幅度提高电力传输的容量和距离，降低电力传输的损耗和成本。而柔性交流输电技术在特高压输电中的应用，更是解决了新能源和清洁能源之间的接入与隔离问题，为电力系统的绿色转型提供了有力支持。

4. 智能电网测试技术

智能电网测试技术是确保智能电网安全、可靠运行的重要保障。它以 GPS 技术为基础，结合先进的测试技术和方法，对智能电网的各个环节进行全面、准确的测试。智能电网测试技术主要包括电能显示误差测试、电压跌落测试、485 通信性能测试以及计度装置组合误差测试等。

电能显示误差测试是智能电网测试中的重要一环。它利用 PC 机作为硬件基础，通过软件采集电表中的电能数据，并对电表的运行状态进行有效控制。通过对比电表显示的电能值与实际测量的电能值，可以评估电表的准确性和可靠性。

电压跌落测试则是针对电力系统中可能出现的电压波动和跌落情况进行测试。它通过对各个电压线路中的电压参比进行测试，确保电力系统在电压波动和跌落时能够保持稳定运行。

485 通信性能测试则是针对智能电网中广泛使用的 485 通信协议进行测

试。它利用相应的测试软件，按照标准中的相关要求进行测试，确保485通信模块能够正常、稳定地工作。

计度装置组合误差测试则是针对电能显示值和电能测试计算值之间所产生的误差进行测试。通过精确测量和计算，确保电表计数值与实际用电情况相符，为电力系统的计费和管理提供准确的数据支持。

总之，推动我国智能电网的发展具有深远的意义。它不仅能够提高电力领域的服务水平，提升电力行业的经济效益和社会效益，还能够推动电力行业的绿色转型和可持续发展。因此，我们应继续加大智能电网的研发和投入力度，不断创新和进步，为电力行业的繁荣和发展做出更大的贡献。

三、对智能电网系统及其信息自动化技术的分析

（一）信息自动化技术在智能电网中的应用

1. 通信技术的应用

随着人们生活水平的不断提升，电力需求持续增长，电力系统已成为现代社会不可或缺的基础设施。通信技术作为信息自动化技术的核心组成部分，其在电力系统中的应用日益广泛，成为推动电力系统发展的重要力量。通信技术的飞速发展，不仅极大地便利了人们的日常生活、工作和学习，还显著降低了国家电网的经济成本，提高了电力系统的整体运行效率。

在电力系统中，通信技术的应用主要体现在两大方面。首先，它实现了电网系统的自我检测功能。电力系统结构复杂，任何环节的故障都可能对整个系统造成严重影响。通信技术的引入，不仅确保了电力系统通信的畅通无阻，还通过实时监测和数据分析，能够及时发现并预警潜在的故障点。结合自动化技术，通信系统还能对部分故障进行自动排除，大大降低了运维人员的工作负担，提高了故障处理的及时性和准确性。

其次，通信技术显著增强了电网系统的防御能力。传统电网系统对环境条件极为敏感，任何微小的外界波动都可能引发系统异常。而通信技术的引入，使得电网系统能够敏锐地感知外界环境的变化，并迅速做出响应，通过调整系统参数或启动补偿机制，有效抵御外界干扰，确保电网系统的稳定运行。这种智能化的调节能力，大大提高了电网系统对外界环境变化的适应性和抵御能力。

2. 自动化设施设备在智能电网中的应用

随着光电技术、信息自动化技术等技术的不断创新，智能电网的发展也日新月异。基于嵌入式的微处理器自动化设施设备，作为智能电网的重要组成部分，其应用不仅实现了电网能源传输的实时监测与控制，还极大地提升了智能电网的自动化运行和调度效率。这些自动化设施设备能够自动采集数字信号、电流、电压等关键数据，并通过通信技术实现数据的实时传输和共享，为智能电网的精准调控提供了有力支撑。

此外，自动化设施设备还实现了电费计量的自动化。通过内置的计量模块，设备能够准确记录用户的用电情况，并通过通信技术将电费数据上传至信息储存中心。信息储存中心根据这些数据计算出每家每户的实际电费，实现了电费计量的自动化和集中管理，大大提高了电费计收的准确性和效率。

3. 自动化控制技术在智能电网中的应用

自动化控制技术是信息自动化技术的核心，也是智能电网实现自动化控制和电能调节的关键。借助自动化技术和通信系统，智能电网能够实时监测和检测系统的各项参数和状态，及时发现并处理系统故障。当系统发生故障时，自动化控制系统能够迅速识别故障的类型和位置，并自动分析相应的解决措施。

在自动化控制系统中，专家决策法是一种常用的控制策略。系统通过比对电网的常规参数，当发现某个或某系列参数异常时，会自动向控制设备发送控制指令，实现自动化调节。这种智能化的调节方式，不仅提高了电网系统的响应速度和调节精度，还实现了电网的自动调控和智能管理。同时，当系统故障无法通过自动处理解决时，系统会自动报警并通知操作人员进行维修，确保了电网系统的安全稳定运行。

（二）信息自动化技术在智能电网中的发展趋势

1. 信息自动化强化智能电网的设备监控

在智能电网设备工作状态的检测中，信息自动化技术发挥着至关重要的作用。它基于标准化的电网模型以及实时的工作数据，能够全面、实时地监测电网、电网设备以及变电站等当前的工作状态。这种监测不仅限于简单的数据采集，更包括故障诊断、风险评估和调控等多个层面。通过对设备工作状态的深入分析，信息自动化技术能够及时发现潜在问题，为设备的维护和管理提供有力支持。

未来，电力设备与电网的发展将更加注重对各类供电设备工作状态的优化。这意味着，信息自动化技术需要更加精准地记录设备的工作状态，预测故障的发生，并进行预处理。为了实现这一目标，我们将在同一公共信息模型的基础上，进一步拓展供电设备的工作状态信息。通过构建子集并提取、分析相关信息，我们将为变电设备的工作状态信息收集、统一性管理以及访问处理提供更为强大的支持。这将有助于我们更全面地了解设备的工作状况，更及时地发现并解决问题，从而确保电网的稳定运行。

2. 自动化变电控制系统

自动化变电控制系统是智能电网的重要组成部分，它基于通信网络，构建了一个两次甚至多次控制的自动化整体系统。这个系统需要具备多项关键功能，以确保电网的稳定运行和高效管理。

首先，各个保护、控制功能必须相对独立且完整。这意味着，即使系统中的一个部分出现故障，其他部分仍然能够正常工作，确保电网的稳定运行。同时，这些功能还需要通过智能化手段进行独立控制，以提高控制的精准度和响应速度。

其次，控制系统的功能必须可靠且完整。操作人员需要能够方便地通过计算机集成所有的控制措施，实现对电网的全面监控和管理，这将大大提高电网管理的效率和便捷性。

最后，自动化变电控制系统还需要具备为智能电网提供实时监测数据并可靠传输的 SCADA 系统等功能。这将使得电网的运行状态更加透明，为决策层提供更为准确的数据支持。

随着微计算机、集成电路、通信以及信息网络等高科技技术的持续发展创新，微机监控装置以及维护保护在智能电网中的应用将越来越普及。传统的单项式自动化控制将逐渐被综合性的自动化控制所取代。在每个单项控制项目中，虽然整体的结构体系保持不变，但其功能、性能以及工作可靠性都将得到不断提升。在未来的"变电站自动化控制系统"中，我们将以信息交叉、信息挖掘为根本，将微机监控、微机保护等与现代通信技术、智能电网相结合，形成一体化综合功能。这将使得智能电网具备更为强大的实时监测、预防故障等处理功能，为电网的安全、稳定运行提供有力保障。

为了推动智能电网系统的信息自动化技术长期、不断地发展，我们必须强化相关技术的研发力度。同时，实行标准化、统一化的运行、管理标准和制度也是必不可少的。此外，我们还需要重视相关从业人员的技术培养，提高他们的专业素养和创新能力。只有这样，我们才能积极推动我国智能电网系统的信息自动化技术不断创新、改革、发展，为我国的电力事业做出更大的贡献。

第三节　电力系统自动化与智能电网实践应用

一、电力系统自动化与智能电网的应用

（一）电力系统自动化的相关介绍

电力系统，作为现代社会的能源基石，其复杂性和庞大性不言而喻。它涵盖了从能源转化、输电、变电到配电的各个环节，地域分布广泛，技术涉及面宽。电力系统自动化的出现，正是为了应对这一复杂系统的挑战，实现更高效、更稳定的电力供应。

电力系统自动化，简而言之，就是将自动化技术与电力系统的各个环节相结合，通过实时监测、数据分析、智能决策等手段，实现对电力系统运行状态的全面掌控。这种自动化不仅体现在对电力设备的远程监控和操作上，更体现在对电力系统整体运行状态的智能分析和优化上。

通过电力系统自动化，我们可以实时获取电力系统的各项运行参数，如电压、电流、功率等，以及设备的运行状态，如开关位置、温度、压力等。这些数据通过通信网络传输到控制中心，经过处理和分析后，可以为我们提供电力系统的实时运行状态图，帮助我们及时发现并解决问题。

同时，电力系统自动化还具备强大的自我修复能力。当电力系统发生故障时，自动化系统能够迅速定位故障点，并自动或手动地启动故障隔离和恢复程序，最大限度地减少故障对电力系统的影响。

（二）智能电网的相关介绍

1. 智能电网的基础概念

智能电网，顾名思义，就是电网的智能化升级。它建立在高速双向通信网络的基础上，融合了先进的传感和测量技术、设备技术、控制方法以及决策支持系统技术，旨在打造一个更加高效、稳定、安全、经济的电力系统。

智能电网的显著特点在于其电力流、信息流和业务流的高度融合。与传统

电网相比，智能电网具有更强的抗干扰和攻击能力，能够灵活接入各种能源，包括可再生能源。同时，它还具备强大的自我监控、自我决策和自我恢复能力，能够及时发现并预见故障，确保电力系统的稳定运行。

智能电网的建设价值体现在多个方面。首先，它提供了一个坚强可靠的电力系统网络架构，为电力供应提供了有力保障。其次，通过提高电网运行和输送效率，智能电网能够显著降低运营成本。此外，智能电网还实现了电网、电源和用户的信息透明共享，使得电力资源的分配更加合理、高效。最后，智能电网的运行方式灵活可调，能够友好兼容各类电源和用户的接入与退出，为电力系统的未来发展提供了广阔的空间。

2. 智能电网的建设

智能电网的建设是一个系统工程，需要综合考虑技术、经济、社会等多个方面。在智能电网建设过程中，自动化系统的应用是不可或缺的一环。通过将自动化技术与智能电网技术相结合，我们可以进一步加强电网的输配能力，提高电力资源的利用效率。

在智能电网的建设过程中，我们需要遵循一定的原则。首先，确保通信系统的畅通使用是智能电网建设的基础。只有建立了高效、稳定的通信系统，才能实现电力系统各环节的实时数据传输和监控。其次，对主电站的控制系统和管理系统进行合理配置，明确输电网架的强度标准，确保电网设备的安全可靠运行。最后，智能电网的建设应遵循统一调配的原则。由于电网涉及区域广泛、内容复杂，我们需要在建设过程中不断优化系统、解决问题，确保智能电网的安全稳定运行。

（三）电力系统自动化与智能电网的应用

电力系统自动化与智能电网的应用是现代电力系统发展的重要趋势。它们不仅提高了电力系统的运行效率和质量，还为企业和用户带来了诸多益处。

首先，在电能使用效率方面，电力系统自动化与智能电网的应用显著提高了电能的利用效率。通过实时监测和智能调度，我们可以减少电路输送过程中的电能损耗，提高电能的运输质量。同时，智能电网还能主动收集相关数据，对异常情况进行监控和调度，确保电网运输的稳定性。

其次，在减少人为干预方面，电力系统自动化与智能电网的应用也发挥了重要作用。通过自动化和智能化技术的应用，我们可以实现电力系统的远程监控和操作，减少人工干预的频次和难度。同时，大数据和智能化技术的支持使得电网能够自动记录并上报异常情况，及时发出预警信号，确保电力系统的安全运行。

最后，在减少管理投入方面，电力系统自动化与智能电网的应用同样具有显著优势。智能电网能够自动监控电力系统的实时状况，对异常设备进行及时记录和报警，从而降低了人工巡检和维修的成本。同时，自动化技术的应用也使得电力系统的管理更加便捷、高效，提高了企业的运营效益。

电力系统自动化与智能电网的应用是现代电力系统发展的必然趋势。它们不仅提高了电力系统的运行效率和质量，还为企业和用户带来了诸多益处。随着技术的不断进步和应用的不断深入，我们有理由相信，电力系统自动化与智能电网将为现代社会的繁荣发展贡献更大的力量。

二、电网计量自动化系统的应用

（一）在客户服务工作领域的应用

近几年，电力科技的飞速发展为我国电网结构的完善提供了有力支撑，使得大部分地区电网结构得以优化，供电能力显著提升。然而，仍有部分地区受地理、经济等多重因素影响，存在局部网架结构不合理的问题。这些问题不仅影响了电力设备的正常运行，还导致设备运行效率大幅下降，进一步加剧了电力供求之间的矛盾。电网计量自动化系统的引入，为解决这一问题提供了有效手段。

电网计量自动化系统能够实时监控电力设备的运行状态和用电信息，及时发现并处理设备故障，从而确保电力设备的稳定运行，满足日益增长的电力需求。同时，该系统还能实现供电管理系统与终端之间的无缝连接，对限电用户的相关信息进行实时记录和分析，为供电部门提供科学的决策依据。这不仅提高了工作效率，还大大增强了供电的可靠性，有效缓解了电力供求矛盾，提升了客户满意度。

此外，电网计量自动化系统还能为客户提供更加便捷、高效的服务。通过系统平台，客户可以实时查询自己的用电情况，了解电费账单，甚至进行在线缴费等操作。这种智能化的服务模式，不仅提高了客户的服务体验，还降低了供电企业的运营成本，实现了双赢。

（二）计量管理和用电检查的应用

电网计量自动化系统在计量管理和用电检查方面的应用同样发挥着举足轻重的作用。在计量管理方面，该系统通过采集和分析历史数据，能够准确找出导致设备故障的原因，为故障的快速解决提供有力的现实依据。这不仅降低了用户和供电企业之间因故障处理不当而产生的矛盾，还确保了企业的经济效益不受损失。

在用电检查方面，电网计量自动化系统的应用更是大显身手。它能够有效查处违规用电行为，如窃电、超容量用电等，从而保障我国国有资产的安全。系统通过远程在线监测，可以实时掌握用户的用电情况，及时发现并处理用电过程中的不合法、不合规问题。这种远程监控的方式，不仅避免了工作人员频繁赶往现场而浪费的时间和金钱，还大大提高了工作效率和查处违规用电的准确性。

同时，电网计量自动化系统还能对重点监察地段进行准确定位，使工作人员能够针对性地开展工作，避免了工作的盲目性。这不仅提升了工作质量，还增强了用电检查的针对性和有效性，为构建安全、稳定、和谐的用电环境奠定了坚实基础。

三、智能电网对低碳电力系统的支撑作用

（一）智能电网解析

1. 智能电网的优势

智能电网在电力发电及整个电力系统运行中，展现出了无可比拟的优势，尤其在低碳电力系统构建中，其重要性更为凸显。以下从六个方面详细阐述智能电网的优势：

①用户互动与服务优化：智能电网通过先进的通信技术，实现了用户与电网之间的实时互动。用户能够随时了解用电情况、电价波动及电力质量，而电网也能根据用户需求进行灵活调整，从而大幅提升用户的用电体验和满意度。这种互动模式不仅优化了电力服务模式，还促进了节能减排。

②能源结构优化与互补：智能电网能够高效整合多种能源资源，如传统化石能源与可再生能源，实现能源之间的互补与优化配置。这种多元化的能源结构不仅提高了电力供应的稳定性，还降低了对单一能源的依赖，为电力系统的可持续发展奠定了坚实基础。

③清洁能源开发与利用：智能电网积极推动清洁能源的开发与利用，如太阳能、风能等可再生能源。通过智能调度和储能技术，这些清洁能源得以高效并网，显著减少了二氧化碳等温室气体的排放，助力实现低碳经济目标。

④能源利用效率提升：智能电网采用先进的电力传输技术和智能调度算法，有效降低了电力在传输和分配过程中的损耗。同时，通过精准预测和调

度，实现了电力供需的精准匹配，进一步提升了能源的利用效率。

⑤技术创新与行业推动：智能电网的发展和应用，不仅推动了电力行业的科技进步，还带动了相关产业的发展。从传感器、通信设备到数据分析软件，智能电网的广泛应用促进了这些领域的不断创新和升级。

⑥电力服务模式转型：智能电网实现了从单向服务向双向互动服务的转变。用户不再只是被动接受电力服务，而是能够积极参与电力市场的交易和管理。这种服务模式的转型，不仅提升了电力服务的水平和质量，还增强了用户的节能意识和参与度。

2. 智能电网的特点

智能电网作为现代电力系统的核心组成部分，具有以下显著特点：

①灵活性与可控性：智能电网以电网协调、电力储蓄、智能调度和电力自动化技术为基础，实现了电流运行的灵活控制和优化。通过先进的控制策略，智能电网能够根据实际需求调整电力供应，确保电力系统的经济性和稳定性。

②自我修复与故障隔离：智能电网融合了信息、传感器和自动控制技术，能够实时监测电力系统的运行状态。一旦发现故障，智能电网能够迅速定位并隔离故障区域，同时启动自我修复机制，确保电力系统的持续稳定运行。这种自我修复能力大大减少了电力故障的影响范围和恢复时间。

③双向互动与信息服务：与传统电力系统的单向服务模式不同，智能电网实现了用户与电网之间的双向互动。用户可以通过智能电表等设备获取用电信息、电价动态和电力质量等实时数据，而电网也能根据用户需求进行智能响应。这种双向互动模式不仅提升了用户的用电体验，还促进了电力市场的透明化和竞争化。

④清洁能源整合与利用：智能电网在低碳电力系统中的应用，特别注重清洁能源的整合与利用。通过智能调度和储能技术，智能电网能够高效整合太阳能、风能等可再生能源，实现清洁能源的最大化利用。这种清洁能源的整合不仅降低了电力成本，还减少了环境污染和温室气体排放。

⑤能源结构优化与互补：智能电网能够整合多种能源资源，实现能源之间的互补与优化配置。这种多元化的能源结构不仅提高了电力供应的稳定性和可靠性，还降低了对单一能源的依赖风险。同时，智能电网还能根据能源市场的变化进行灵活调整，确保电力系统的经济性和可持续性。

⑥技术整合与创新发展：智能电网的广泛应用推动了电力技术的整合与创新发展。从电力传输、储能到智能调度和控制技术，智能电网的不断发展促进了这些领域的不断创新和升级。同时，智能电网还为新能源技术、信息技术和物联

网技术等提供了广阔的应用空间，为电力系统的未来发展注入了新的活力。

（二）智能电网对低碳电力系统的支撑作用

1. 高效整合节能电源，推动清洁能源广泛应用

太阳能、风能等可再生能源，作为清洁型能源，在电力系统的发展中占据着举足轻重的地位。传统发电方式主要依赖煤炭等化石能源，不仅资源有限，而且会对环境造成严重污染。智能电网在低碳电力系统中的应用，则巧妙地解决了这一问题。它通过对这些清洁型能源进行高效整合与利用，显著减少了煤炭等化石能源的消耗，从而大大降低了空气污染，实现了低碳电力系统的绿色、环保运行。

智能电网利用先进的电网调度、协调、控制和节能技术，对清洁型能源进行精准管理和分配。这不仅提升了低碳发电系统的经济效益，使得清洁能源的利用更加高效、经济，同时也充分展现了智能电网在推动低碳电力系统发展方面的独特优势。通过智能电网的支撑，我们可以更好地实现能源的可持续利用，为构建绿色、低碳的社会贡献力量。

2. 强化电力系统运行效率，实现能源最大化利用

智能电网在低碳电力系统中的应用，还体现在对电力系统运行效率的显著提升上。它运用先进的电网技术，对电网运行进行实时、精准的控制，能够迅速发现并解决故障，从而确保电力系统的稳定运行。这种高效、快速的故障处理机制，不仅提升了低碳电力系统的运行效率，还有效避免了因故障导致的能源浪费。

同时，智能电网还通过电力调度技术，对低碳电力系统中的各个环节进行全面优化。它根据智能电网监测到的供电运输信息，实时了解清洁型电力能源的使用情况，并根据用户用电需求，对电力系统用电情况进行精准调控。这种全面的优化与调控，不仅满足了人们日常用电的需求，还实现了可再生能源的最大化利用，避免了能源的无效损耗。

3. 实现用户端节能，提升用电效率

用户端节能是智能电网在低碳电力系统中应用的又一重要方面。智能电网通过降压节点、电压控制等技术手段，有效实现了用户端的节能效果。它利用用电信息反馈等技术，对低碳电力系统进行持续优化，根据用户日常的实际用电量，对用户端的电力运输进行精准调度和控制。

这种用户端的节能措施，不仅降低了用户的用电成本，提高了用电效率，还进一步展现了智能电网在低碳电力系统中的支撑作用。通过智能电网的精准调控，我们可以更好地引导用户合理用电，形成节约用电、绿色用电的良好风尚。

4. 优化电力运行成本，提升经济效益

低碳电力系统的建设和运行成本高昂，因此成本控制成为其发展的重要考量因素。智能电网在低碳电力系统中的应用，为成本控制提供了有效的解决方案。它通过对电力运行成本的全面优化，避免了成本浪费现象的发生。

智能电网在成本优化过程中，注重实现清洁生产，降低能源损耗。它利用先进的电网技术和管理手段，对电力生产、传输、分配等各个环节进行精准控制和管理，从而实现了成本的有效降低。同时，智能电网还满足了资金成本的需求，通过减少电能损耗、加强能源利用等措施，将省下来的资金投入其他开发项目中，进一步提升了电网系统的经济效益。

5. 提升电网服务水平，增强用户满意度

智能电网在低碳电力系统中的应用，还对电网的服务水平进行了显著提升。它通过建立用户与电网之间的有效连接和良好的互动机制，使得电网的营销业务得到了很大程度的提升。智能电网能够实时了解用户的用电需求，为用户提供更加个性化、精准的服务。

同时，智能电网还构建了全面的服务平台，为用户提供了更加便捷、高效的用电体验。这种服务水平的提升，不仅增强了用户的满意度和忠诚度，还进一步推动了低碳电力系统的发展。通过智能电网的支撑，我们可以更好地满足用户的用电需求，提升电网的服务质量，为构建和谐、绿色的电力社会贡献力量。

四、电力系统电气工程自动化的智能化运用

（一）电气自动化智能控制系统在电力工程中的设计理念

电力自动化智能控制技术，作为现代电力系统管理的重要支撑，其核心在于深入探索智能技术在电力自动控制系统中的高效应用。这一技术不仅融合了电气电子技术、信息技术与自动化控制理论，还专注于电力自动化系统数据的全面收集与精准分析，旨在通过智能化手段优化电力资源配置，提升系统工作效率，并显著降低电力运行中的安全风险。

1. 集中监控式设计理念的应用深化

智能技术在电力自动化系统中的应用，标志着传统电力控制模式的深刻变革。集中监控式设计，作为智能技术的一大亮点，通过高度集成的控制系统，实现了对电力系统设备的统一管理和集中控制。在电气工程实践中，集中式控制技术以其维护便捷、操作简化的特点，极大提升了电力自动化系统的运行效率。智能技术的引入，降低了对电力控制专业技能的要求，使得系统操作更加直观易懂。集中式监控技术通过单一处理器集中处理系统数据，因此，选用高性能处理器成为确保系统稳定运行的关键。这一设计理念不仅有效应对了监控对象增多带来的挑战，还通过减少电缆数量、优化数据传输路径，显著提升了主机处理效率，为电力系统的高效运行提供了坚实保障。

2. 智能化远程监控式设计理念的创新实践

智能化远程监控式设计，则是智能技术在电力自动化系统中的又一重要应用。该设计通过智能算法和远程通信技术，实现了对电力自动化系统的远程管理和自动化控制。这一模式的实施，不仅大幅提高了数据处理速度，还通过减少现场设备投入，有效降低了系统建设和维护成本。智能化远程监控使得电力自动化系统更加灵活可靠，能够迅速响应数据变化，处理复杂通信任务，同时确保数据安全无虞。此外，该设计还促进了电力自动化系统中机械操作的智能化升级，通过远程监控和智能决策，进一步提升了系统的安全性和稳定性。

3. 人工智能技术在电力自动化系统的深度融合

人工智能技术的引入，为电力自动化系统带来了前所未有的智能化水平。通过实时数据分析，智能专家系统能够迅速识别并处理电力自动化系统中出现的各种问题，实现对系统运行状态的即时监控和精准预测。利用机器学习算法，系统能够自动分析历史数据，生成电力使用趋势图，为电力调度和能源管理提供科学依据。人工智能还允许在线设置和修改系统参数，模拟电力系统运行状态，实现自动化监控和故障预警。更重要的是，人工智能技术能够自动生成电力系统运行日志、工作曲线、电量报表等关键信息，实现数据的自动存储和智能分析，为电力系统的科学管理提供了强有力的支持。这种深度融合不仅提升了电力系统的自动化水平，还为实现电力行业的智能化转型奠定了坚实基础。

（二）智能技术在电力自动化系统的应用

智能技术在电力自动化中的应用，不仅深刻改变了电力系统的工作方式，还极大提高了系统的工作效率，更推动了电力自动化系统向智能化管理的转型。以下是对智能技术在电力自动化中应用的详细阐述：

1. 智能化神经网络系统在电力自动化系统中的深度运用

神经网络，作为智能化技术的核心组成部分，其在电力自动化系统控制中展现出了巨大的应用潜力。神经网络能够精准地控制电力自动化系统中的定子电流电气动力参数、转子速率辨别参数等关键指标。通过与自动控制技术的紧密融合，神经网络构建起了电力系统的智能控制系统，实现了对电力系统的"非线性"控制。这一系统由类似人类神经元的节点组成，具备强大的信息处理能力、自动管理能力以及组织学习能力。在电力自动化系统中，神经网络能够迅速诊断出系统存在的问题，对电力控制系统实现高效的传动与控制，从而确保电力系统的稳定运行。

2. 电气工程自动化中智能控制技术的综合应用与效能提升

在电力电气自动化系统中，专家体系控制技术以其独特的优势成为不可或缺的一部分。这项技术能够自动分析电力系统中的问题，对电力电气固化的问题进行自动化处理与修复，从而显著降低电力系统故障的发生率。同时，它还能及时报告电力电气化系统出现的严重故障，为维修人员提供宝贵的抢修时间。此外，智能专家系统还能有效解决电力通信系统中因信号延迟而引发的电力系统故障问题，进一步提升电气系统的稳定性。而线性最优控制技术则广泛应用于电气自动化领域，它能够有效改善电气自动化系统的信号传输问题，解决因信号传输距离过长而导致的信号弱化问题。通过采用最优励磁控制技术替代传统励磁技术，可以显著提升电气系统中的电能质量，加快电气系统的自动化速度，并有效降低电力系统运行时的风险。

3. 电气自动化系统中模糊控制技术的创新应用与实践探索

模糊控制技术通过建立模糊模型来深入分析电气系统在运行过程中的管理方式，进而实现对电力系统的自动化控制。这项技术因其简单便捷、易于操作的特点，在家用电器等领域得到了广泛应用。在电力系统中，模糊逻辑控制技术能够迅速对电气系统中出现的问题进行数学建模，准确分析出故障的位置及类型。特别是当模糊技术与神经网络技术相结合时，能够智能化地对电气系统中的发电机故障进行测试诊断。通过模糊计算与处理，系统能够快速定位电机故障并给出解决方案，为故障的及时解决提供有力的支持与指导。这种创新的应用方式不仅提高了电力系统的运行效率，还进一步提升了电力系统的智能化管理水平。

（三）智能技术在电气自动化应用中的前景

1. 显著提升了电气系统的性能稳定性

智能技术在电气自动化领域的广泛应用，为电气系统带来了前所未有的性能提升。通过智能化的算法和控制策略，电气自动化系统不仅实现了运行速度的显著提升，还在保证高效运行的同时，增强了系统的稳定性和可靠性。智能技术能够精准地捕捉和分析电气自动化系统中出现的各种异常和故障，通过实时的数据分析与决策，迅速采取措施进行修正，从而有效避免了因小问题累积而导致的系统崩溃或性能下降。这种对问题的即时响应和精确处理，极大地提高了电气系统的工作性能，确保了电力系统的持续稳定运行。

2. 开拓了功能性的应用前景，提升用户体验

智能化处理技术在电气系统中的深度融入，为电气系统带来了更为丰富的功能和更加便捷的用户体验。通过将自动化处理技术、图形化界面、可视化技术以及多媒体技术等先进手段综合应用于电气系统，智能化技术不仅实现了系统功能的多样化，还通过直观、易用的用户界面，使用户能够轻松掌握系统状态，进行高效的操作和管理。这种智能化的处理方式，不仅提升了电气系统的综合性能，还极大地增强了用户的使用便捷性，为用户带来了更加智能、高效的电气系统使用体验。

3. 推动了电气系统结构向更高层次发展

智能化控制技术在电气自动化系统中的广泛应用，为电气系统结构的优化和升级提供了强大的动力。它促进了电气自动化系统向集成化、模块化、网络化以及智能化的方向发展，使得系统能够更加智能地分析和处理电力运行过程中遇到的各种问题。通过实现电气系统的联网集中工作，智能化技术不仅方便了用户对电气系统的远程管理和操作，还通过界面化的管理方式，提高了系统管理的直观性和便捷性。这种结构上的转变和升级，不仅提升了电气系统的整体性能，还显著增强了系统的稳定性和可靠性，为电气系统的未来发展奠定了坚实的基础。同时，在推进智能化技术应用的过程中，我们也需要结合实际情况，综合考虑技术应用的效率和成本，逐步推进电气自动化技术中智能技术的广泛应用，以实现电气系统更加智能、高效、稳定的发展目标。

第六章　智能电网中的信息安全保护与发展创新

第一节　智能电网信息安全的防护措施

一、智能电网用户侧信息安全风险

智能电网用户侧信息安全风险是一个多维度且复杂的问题，主要涉及以下四个方面：

（一）个人信息泄露风险

在智能电网的用电过程中，电网侧会全面采集用户侧的各类数据，这些数据不仅涵盖了用户的用电量和用电时间等基本信息，还深入到了用户的居住习惯、生活模式、家庭成员构成等高度敏感的个人信息。这些数据原本应仅限于用户内部使用，但在智能电网的框架下，为了优化电力供应、提升服务质量等目的，这些数据会向电网侧开放。然而，这种数据共享机制在带来便利的同时，也埋下了巨大的信息安全隐患。从信息采集、传输到存储的每一个环节，都可能成为黑客攻击的目标和潜在的安全漏洞。一旦这些环节遭受攻击，用户的个人信息就可能被非法获取和滥用，进而引发一系列严重的隐私泄露和安全问题。

（二）电能计量及费用补偿安全风险

智能电网中的电能计量方式相较于传统电网更加多样化和复杂化，如峰时段电价、谷时段电价、平时段电价以及分布式电源上网电价等。这种复杂的计费模式虽然提高了电力市场的灵活性和效率，但也使得电能计量的鲁棒性降低，承受的安全风险相应增大。此外，为了鼓励用户参与电网的需求响应，电

159

网运营商会提供经济补偿等激励措施。这些措施的实施需要与用户签订详细的合同，并明确需求响应的具体内容、时间、负荷减载量以及违规的惩罚性措施等。然而，一旦智能电网用户侧遭受攻击，这些关键信息就可能被篡改或缺失，导致电网和用户之间出现经济上的纠纷和信任危机。

（三）设备控制风险

在传统电网中，用户侧设备的控制权牢牢掌握在用户手中，用户可以自主管理和控制自己的电器设备。然而，在智能电网时代，为了实现更高效、灵活的电力管理和优化资源配置，电网侧在某些特定情况下需要直接控制用户侧的部分设备。这意味着用户需要向电网运营商开放部分设备的控制权限，以实现远程控制和调度。虽然这种变化在一定程度上提高了电力系统的运行效率和可靠性，但也为用户侧设备的安全控制带来了新的挑战。一旦黑客利用这一漏洞侵入用户设备，就可能对用户的生活和财产安全造成严重威胁。

（四）电网安全边界模糊化

传统电网为了保证电力系统的信息安全，通常采用"专网专用、安全隔离"等严格的安全措施。然而，在智能电网中，电网侧与用户侧的互动频率和深度都大大增加，电力信息网不断向用户侧延伸。在某些情况下，甚至需要借助用户内部自有网络来实现精确到设备的能耗信息采集及负荷控制。这种变化使得电力信息网络的边界变得模糊不清，不再具有明确的界限。因此，电力信息网络可能面临来自外部网络的各类攻击和威胁，用户侧网络的信息安全状况将直接影响到整个智能电网的安全稳定。这种安全边界的模糊化使得智能电网面临的信息安全风险大大增加，需要采取更加全面和有效的安全措施来应对。

二、智能电网用户侧信息安全需求

（一）能源管理系统安全需求

1. 保证机密性

在智能电网用户侧能源管理系统中，机密性的维护是信息安全的核心要素之一。随着大数据和人工智能技术的飞速发展，用户能耗数据不再仅仅是简单的数字堆砌，而是蕴含了用户生活习惯、行为模式等高度敏感的个人隐私信息。为了确保这些数据不被非法获取或滥用,必须采取多层次、全方位的保密措施。

在数据传输层面,除了采用专有的局域网进行通信外,还应实施端到端的加密策略,确保数据在传输过程中的每一个节点都受到保护。这包括使用先进的加密算法,如 AES、RSA 等,以及定期更换加密密钥,以防止潜在的破解尝试。同时,建立安全的通信协议,如 HTTPS 或 TLS,可以进一步增强数据传输的安全性。

在数据存储方面,应构建坚固的防御体系,包括使用加密技术对数据库中的敏感信息进行加密存储,以及实施严格的访问控制策略,确保只有经过授权的人员或系统能够访问这些数据。此外,定期的数据备份和灾难恢复计划也是必不可少的,以防数据丢失或被篡改。

为了应对外部攻击和内部泄露的风险,还需建立全面的安全监控和审计机制,实时监测数据访问行为,及时发现并处理任何异常活动。通过这些措施,可以最大限度地保护用户隐私和数据安全,为用户侧能源管理系统的稳定运行提供坚实保障。

2. 保证数据完整性

数据完整性在用户侧能源管理系统中至关重要,它直接关系到能耗分析的准确性、节能效果的有效性以及电网运行调度的可靠性。为了维护数据的完整性,需要从多个维度入手,构建全面的防护体系。

首先,在数据接收环节,应实施严格的完整性校验机制。除了传统的奇偶校验法和 CRC 校验法外,还可以采用基于杂凑算法的摘要值校验法,如 MD5、SHA−256 等,这些算法能够生成数据的唯一标识,任何对数据的微小修改都会导致摘要值的变化,从而及时发现数据被篡改的情况。

其次,在数据存储和管理方面,应建立完善的备份和恢复机制,确保历史数据的完整性和可追溯性。同时,采用分布式存储和冗余设计,可以提高数据的容错性和可用性,即使部分数据遭受损坏或丢失,也能迅速从备份中恢复。

最后,还应加强对数据库的安全防护,包括实施访问控制、审计跟踪等措施,防止未经授权的访问和修改。通过定期的数据完整性检查和校验,可以及时发现并纠正数据错误或不一致性,确保数据的准确性和可靠性。

3. 引入认证与授权机制

在用户侧能源管理系统中,由于服务对象众多且权限各异,引入有效的认证与授权机制是确保系统安全、有序运行的关键。通过身份认证技术,可以验证访问者的合法身份，防止非法用户入侵系统。这通常包括用户名密码验证、双因素认证、生物特征识别等多种方式，根据系统的安全需求和实际应用场景选择合适的认证方式。

在授权方面，应根据访问者的角色和职责，为其分配相应的权限。例如，普通用户只能访问自己的能耗数据和相关服务，而系统管理员则拥有更大的权限来管理整个系统。通过细粒度的权限控制，可以确保每个用户只能访问其被授权的数据和功能，有效防止数据泄露和非法操作。

同时，为了增强系统的灵活性和可扩展性，认证与授权机制应支持动态调整。当用户的角色或职责发生变化时，可以方便地更新其权限，确保系统的安全性和合规性。此外，还应建立完善的审计和监控机制，记录用户的访问行为和操作记录，以便在发生安全问题时能够迅速追溯和定位责任。

（二）用户侧子系统安全需求

1. 设备认证的全面强化

设备认证在智能电网用户侧信息安全中占据核心地位，它不仅涉及通信类设备，还包括负荷类设备。对于用电负荷的认证，实质上是验证其内置的通信模块。对于那些不具备直接通信能力的传统设备，我们可以通过为其外接智能插座等认证模块，实现对这些设备的间接认证。设备认证的首要任务是确保合法设备的安全接入。由于用户侧子系统类型繁多、构成复杂，设备功能各异、标准不一，因此，建立一个完善的设备注册与登记机制显得尤为重要。所有纳入能源管理系统管理范围的设备，在接入前都必须进行注册登记，通过严格的检验流程，确认设备是否满足既定的接入标准。一旦设备通过检验，系统将记录其网络地址、唯一 ID、设备类型及所有者等关键信息。未经注册登记的设备，将被视为非法设备，无法接入能源管理系统，也无法接受其调控。这一机制的引入，不仅有效确保了接入设备的合法性，还极大方便了能源管理系统的统一管理和监控。

设备认证的另一个关键目标是防止负荷类型冒充。尽管设备注册与登记机制能够在一定程度上抵御外部非法设备的攻击，但它对于内部攻击，尤其是负荷类型冒充这一内部攻击的主要手段，却显得力不从心。能源管理系统在制定节能方案时，需要准确判断用户的负荷构成，并根据环境信息及用户设定，制定出合理的节能计划。负荷类型冒充会导致系统对负荷构成的误判，进而影响节能策略的制定和执行。例如，热水器冒充电饭煲，由于热水器属于可接受调控的 HVAC 类设备，而电饭煲则无法接受短时的中断供电，这种冒充行为将严重干扰节能策略的制定。同时，负荷类型冒充也会对电网判断用户侧负荷构成造成干扰，影响电网需求响应策略的正确性和有效性。

为了减轻能源管理系统服务器的负担，提高认证效率，我们可以采用层级认证机制。即子系统网关首先与子系统内的设备进行双向认证，确保设备身份的合法性；然后，能源管理系统主站再与子系统网关进行双向认证，进一步确保整个系统的安全性。这种层级认证机制不仅提高了认证效率，还增强了系统的整体安全性。

2. 子系统信道安全的全面保障

用户侧子系统分散在各类用户内部，由于用户需求的多样性和复杂性，子系统采用的通信协议也呈现出多样性。这使得我们无法像上层的能源管理系统一样，建立统一的基于以太网的用户侧网络。在短期内完成子系统通信协议的标准化、统一化是一项艰巨的任务。这主要源于两方面的原因：一方面，子系统通常隶属用户自身，部分用户有独立控制的需求，进行标准化改造涉及产权问题，实施起来困难重重；另一方面，目前的标准还不完善，以 SEP 2.0 为例，它主要对交互接口、数据模型做出规定，而对于通信协议并没有明确的限制。相反，为了保证兼容性，它支持 ZigBee、WiFi、基于 IEEEP 1901 的电力线载波等多种主流通信技术。

用户侧通信协议的多样性导致其无法采用统一的安全机制来保证子系统的信道安全。因此，子系统信道的安全往往依赖所采用的通信协议自身的安全机制。为了有效保障子系统的信道安全，我们应当从两个方面着手：一方面，通过对系统的合理规划，尽量减少信道数量，降低信息在传输过程中被截获的风险；另一方面，在选用子系统通信方式时，应当全面权衡利弊，综合考虑成本、便利性和安全性等多个因素，做出明智的选择。在条件满足的情况下，应优先采用安全强度较高的通信协议，尽量避免采用无加密措施的通信方式组建用户侧子系统网络。通过这两方面的努力，我们可以有效提升子系统的信道安全水平。

（三）用户侧整体安全框架的构建与完善

能源管理系统的直接交互对象主要包括用户、外部平台以及子系统网关。为了确保能源管理系统的安全，我们必须对这三者进行严格的身份认证。首先，能源管理系统中的用户必须进行注册，完成身份的初步验证。在后续访问过程中，系统还将根据用户的身份和权限，为其开放相应的功能和服务。同时，外部平台在访问能源管理系统时，也需要进行身份认证，并根据其身份和需求，为其分配相应的访问权限。此外，能源管理系统还具备安全审计功能，能够实时记录访问者的各类操作和行为，为系统的安全监控和追溯提供有力支持。

在能源管理系统中，子系统网关作为连接用户侧设备和系统的桥梁，其安全性至关重要。因此，我们必须对子系统网关进行严格的身份认证。能源管理系统并不直接面向用电设备，而是通过子系统网关完成子系统中用电设备的信息采集和远程控制。这要求子系统网关必须具备高度的安全性和可靠性。为了保证子系统网关的安全接入和身份认证，我们可以采用多种技术手段，如数字证书、密钥管理等，确保其与能源管理系统之间的通信安全、可靠。

在用户侧子系统信息安全方面，我们的工作重点主要包括两个方面：一方面是对用电设备进行严格的身份认证，防止设备类型冒充等安全事件的发生。这一任务主要由子系统网关负责完成；另一方面，考虑到用电设备在与子系统网关进行通信时，大多采用无线方式，信息面临被截获的风险。因此，我们需要通过缩减信道数量、采用安全强度高的通信协议等措施，来有效降低信息泄露的风险。同时，我们还需要加强对用户的安全教育和培训，提高用户的安全意识和防范能力，共同构建安全、可靠的智能电网用户侧信息安全体系。

三、相关安全技术

（一）对称加密技术详解

对称加密技术，作为一种传统的加密方式，其核心特点是加密与解密过程使用相同的密钥。在这一体系中，明文 M 通过密钥 k 的加密操作转变为密文 C，即 $E(M, k) = C$；相应地，接收方也利用同一密钥 k 对密文 C 进行解密，恢复出原始的明文 M，即 $D(C, k) = M$。这种加密机制因其简洁性和高效性而广受欢迎，尤其是在处理大量数据时。对称加密算法凭借其较小的计算量、快速的加密速度和高效的加密效率，成为大数据加密的首选。

然而，对称加密并非没有缺陷。其最大的挑战在于密钥管理。由于加密和解密依赖同一密钥，一旦密钥丢失或泄露，整个加密体系的安全性将荡然无存。此外，随着通信方数量的增加，每对通信方都需要共享一个唯一的密钥，这导致了密钥数量的急剧增长，给密钥的存储和管理带来了极大的负担。因此，对称加密更适合小规模、相对封闭的通信环境。

（二）非对称加密技术剖析

与对称加密形成鲜明对比的是非对称加密技术，它采用了公钥和私钥这一对密钥进行加密和解密。公钥用于加密数据，而私钥则用于解密数据。这种机制确保了即使公钥被公开，没有对应的私钥也无法解密数据，从而大大提高了安全性。非对称加密的代表性算法有 RSA 和 ECC 等。

非对称加密的优势在于其卓越的安全性。由于加密和解密使用不同的密钥，即使一方密钥泄露，另一方密钥仍然安全，从而保证了通信的持续性安全。然而，非对称加密也并非完美无缺。其加密和解密过程相对复杂，计算开销大，因此更适合于少量数据的加密。此外，非对称加密的密钥生成和管理也相对复杂，需要额外的资源来维护密钥对的安全性。

（三）摘要算法深入解析

摘要算法，又称哈希算法或散列算法，是一种将任意长度的信息转换为固定长度摘要（或哈希值）的算法。这种算法具有不可逆性，即无法从摘要中恢复出原始信息。摘要算法通过一系列复杂的数学运算，将原始信息压缩成一个简短的、具有唯一性的摘要值。

摘要算法在数据完整性校验和数字签名等领域具有广泛应用。当数据量较大时，直接对数据本身进行完整性校验可能变得不切实际。此时，可以利用摘要算法生成数据的摘要值，并通过比较摘要值来判断数据是否被篡改。此外，在数字签名过程中，为了节省计算资源和时间，通常只对数据的摘要进行签名，而不是对整个数据进行签名。

目前，常见的摘要算法包括 MD5 算法和 NIST 推出的 SHA 系列算法等。这些算法在安全性、速度和效率方面各有优劣，选择哪种算法取决于具体的应用场景和需求。

（四）数字签名技术详解

数字签名是一种基于非对称加密技术的电子签名方式，它具有传统签名所不具备的诸多优势。数字签名可以确保信息的来源真实性、完整性和不可否认性。发送方通过提取消息的摘要值，并使用自己的私钥对摘要值进行加密，生成数字签名。然后，将数字签名和消息原文一同发送给接收方。

接收方在收到消息后，首先提取消息原文的摘要值，并使用发送方的公钥对数字签名进行解密，得到发送方生成的摘要值。接着，将这两个摘要值进行比较。如果它们完全一致，那么就可以确认消息确实是由发送方发送的，并且在传输过程中没有被篡改。同时，由于数字签名是使用发送方的私钥生成的，因此发送方无法否认自己发送了这条消息。

然而，数字签名在实际应用中还面临着一个重要问题：如何确保密钥对与签名者身份之间的严格对应关系？为了解决这个问题，可以采用两种主要方法。一种方法是引入可信第三方机构（如证书颁发机构）来颁发数字证书，将签名者的身份与其公钥进行绑定。这种方法需要建立一个完善的公钥基础设施来管理和维护数字证书的有效性。另一种方法是基于身份的数字签名技术，它直接使用签名者的身份标识作为公钥，从而避免了数字证书的管理负担。这种方法在简化密钥管理的同时，也提高了数字签名的效率和安全性。

四、面向低延迟的需求与响应的隐私保护办法

（一）基础型方案

1. 系统模型详解

通信体系架构在智能电网中扮演着至关重要的角色，它涵盖了邻域网（Neighborhood Aware Network，NAN）、建筑区域网络（Building Area Network，BAN）和家庭区域网络（Home Area Network，HAN）三个主要层级。客户端网络、建筑群域网络以及邻域网内部，分别通过 Wimax、Zigbee、WiFi 等通信技术实现互联互通。为了更清晰地阐述系统模型，我们引入了以下缩写：HSM（house holding smartmeter）代表住宅区域内的智能电表，即 HAN 网关；BC（buildings concentrator）代表 BAN 集中器；NGW（neighborhood gateway）代表 NAN 网关；CC（control center）代表控制中心；而 GWs 则泛指 BC 或 NGW 等聚合器节点。

（1）控制中心

控制中心作为电力供应方的核心，承担着整个系统的管理重任。它不仅负责系统的初始化，还负责收集、处理和分析实时数据。基于当前整体电力负荷曲线与用户整体电力需求计划，控制中心会制定下一周期内的电量优惠额度，作为需求侧的个性化响应反馈给用户。用户通过执行响应额度并证明耗电值，可以获得控制中心的奖励，从而实现双向通信及需求侧价格的弹性。此外，控制中心还具备生成各节点的加密公钥及私钥，并安全地将其发送到各个节点的权限，确保通信的安全性和数据的保密性。

（2）邻域网关

邻域网关作为电力网关（聚合器），其主要职责是转发并聚合来自 BC 的区域耗电值，然后发送给控制中心。同时，它还会转发来自下层社区的电力需求。对于两种分项的加密数据，NGW 是无法查看的，因为它没有解密的私钥，因此被视为半可信节点。这种设计既保证了数据的传输效率，又确保了数据的安全性。

（3）建筑群域集中器

建筑群域集中器是负责收集、存储、聚合和分配实时数据的关键组件。它不仅能存储社区内（BAN 内）的个体电力需求，还能聚合社区的电力消耗值，并通过 NAN 发送给控制中心。此外，BC 还能根据来自控制中心的电量响应函数，根据存储的个体电力需求分配激励电量额度。对于账单质疑的用户，BC 还能提供细粒度耗电数据的查询服务。为了满足这些功能需求，BC 需要配备足够安全的存储容量，以保护私有信息。通过智能电表内部的 TPM 芯片存储指定用户电量用户需求的功能，可以轻松实现这一目标。用户可以通过互联网向电表提交下一时间周期的需求计划，电表则会将需求计划以及上一账单周期内的细粒度耗电数据发送给 BC。接收到 CC 发来的电力响应数据后，BC 会以加密的形式发送给用户。如果用户需要查询细粒度耗电数据，也可以随时提交申请。

（4）住宅区域智能电表

住宅区域智能电表是家庭用户端持有的重要设备，它具备基本的存储、计量、加（解）密以及产生自身公钥及私钥并通过网络与其他节点进行通信等功能。HAN 由若干个智能应用组成，而 HSM 的实时数据则由 BC 收集和处理，并经由 NGW 发送到控制中心。虽然 HSM 具备防篡改功能，但相对于其他各层的网关，它更容易受到攻击者的攻击。因此，在设计时需要特别考虑其安全性。

2. 攻击场景与防御策略

在智能电网中，攻击场景多种多样，但我们可以将其归纳为以下几种主要类型，并针对每种类型提出相应的防御策略。

（1）外部攻击

外部攻击者往往通过窃听或安装恶意硬件来获取 HSM、BC、NGW 以及 CC 之间的通信和数据流，从而推测目标用户的个人信息。为了防御这种攻击，我们可以采用加密通信、身份验证以及访问控制等技术来确保数据的保密性和完整性。同时，还可以加强物理安全措施，如安装监控设备、设置防盗门等，以阻止攻击者接近关键设备。

（2）内部攻击

内部攻击者通常是协议的参与者（如 NGW），它们可能与其他受攻击的 HSM 联合，获取目标电表的数据以推测个人用户的隐私。半可信的 HSM 也可能通过各种系统内部的通信流推测目标电表用户的私人信息。为了防御这种攻击，我们需要建立严格的访问控制机制，确保只有授权用户才能访问敏感数据。同时，还可以采用数据脱敏、数据掩码等技术来保护用户隐私。此外，定期对系统进行安全审计和漏洞扫描也是必不可少的。

（3）中间人攻击

在对称性的单密钥加密系统中，如果攻击者获取了通信节点之间对称的身份验证密钥，就可以伪造或更改通信数据，并将其发送给接收方。为了防御这种攻击，我们应该设置分层的共享密钥体系，确保每个节点都有独特的密钥对。同时，密钥的设置应该具有随机性和前向保密性，以防止攻击者通过破解旧密钥来获取新密钥。此外，还可以采用数字签名、消息认证码等技术来验证数据的真实性和完整性。

（4）再现攻击

再现攻击即攻击者试图重复或延迟合法数据的传输，以干扰接收方的正确判断。这种攻击会导致接收方接收到与上一时间点相同的数据，从而产生错误的判断结果，甚至可能导致控制失灵、电力中断等严重后果。为了防御这种攻击，我们可以采用时间戳、序列号等技术来确保数据的唯一性和时效性。同时，还可以加强网络通信的监控和管理，及时发现并处理异常数据流。此外，定期对系统进行安全测试和演练也是提高系统抗再现攻击能力的重要手段。

3. 安全需求及其增强策略

（1）机密性增强

机密性是指确保只有经过授权的用户才能访问敏感数据，防止任何非授权用户或节点获取加密数据的内容。为实现这一目标，我们采用了先进的加密算法，确保数据在传输和存储过程中始终保持加密状态。此外，我们还引入了访问控制机制，对用户身份进行严格验证，确保只有合法的用户才能访问相应的数据。

在改进型方案中，我们进一步提升了机密性的保护水平。通过将可信的聚合器 BC 提升为半可信状态，我们实现了数据与真实身份的不可链接性。电表节点以假名的身份发送数据，这样即使 BC 能够接触到数据，也无法将其与具体的用户身份相关联。这一改进有效降低了数据泄露的风险，增强了方案的机密性。

（2）数据的完整性保障

数据的完整性是指确保数据在存储和传输过程中不被未授权的节点篡改、删除或伪造。为实现数据的完整性，我们采用了加密、散列、数字签名和身份认证等多种技术手段。这些技术能够确保数据在传输过程中保持原样，任何对数据的修改都会被发现。

在改进型方案中，我们针对数据完整性的保护进行了进一步优化。通过引入非对称加密的 BBS + 盲签名技术，我们实现了对数据来源的追溯性。这种签名技术不仅保证了数据的完整性，还使得发送方无法否认其发送的数据。同时，通过设置零知识证明，我们将用户身份信息隐藏起来，确保了数据在传输过程中的匿名性，从而进一步增强了数据的完整性保护。

（3）前向保密性强化

前向保密性是一个重要的安全属性，它确保即使长期使用的主密钥泄露，也不会导致过去时间段的通信密钥被泄露。在改进型方案中，我们继续采用了设置不同时间周期内更换会议密钥的方法，以减少暴露会议密钥的危险。同时，我们还加强了对密钥的管理和存储，确保密钥的安全性。

（二）改进型方案

针对基础型方案中存在的问题，我们在改进型方案中进行了针对性的解决。首先，通过提升 BC 为半可信状态并引入假名机制，我们降低了用户细粒度需求计划及耗电数据对 BC 的可见性，从而提高了方案的安全等级。其次，通过引入非对称加密的 BBS + 盲签名技术，我们解决了基于 DH 的对称共享密钥的哈希消息验证代码无法提供发送方"不可否认性"的问题。这一改进不仅增强了数据的可追溯性，还进一步保证了方案的机密性和完整性。

改进型方案 RDRA – LD 在原有基础型方案 DRA – LD 的基础上，通过提升聚合器的可信度、引入假名机制、采用非对称加密的 BBS + 盲签名技术等措施，有效提高了用户电表的安全等级，并相应地改进了原有的安全需求。这些改进使得 RDRA – LD 方案在保护用户隐私、确保数据完整性和前向保密性方面更加出色。

1. 消息的验证与数据的完整性

在智能电网系统中，数据的完整性是确保系统正常运行和用户隐私安全的关键。改进型方案在原有基础型方案的对称型验证方案基础上，进行了显著升级，扩展为非对称的签名验证方法。这种方法不仅提高了验证的效率和安全性，还进一步抵御了中间人攻击的风险。通过 HSM 与 BC 及 CC 之间的非对称签名验证，节点之间能够确认对方的身份是可信任的，从而确保数据传输的可靠性和安全性。任何未经注册的节点，都无法完成向接收点的数据传输，也无法参与系统内部任意节点之间的数据通信。这种严格的验证机制，为数据的完整性提供了有力的保障。

在非对称签名验证方法中，每个节点都拥有一对公私钥，公钥用于加密消息，私钥用于解密和签名。当 HSM 向 BC 或 CC 发送数据时，它会使用自己的私钥对消息进行签名，并将签名后的消息与公钥一起发送给接收方。接收方在收到消息后，会使用 HSM 的公钥对签名进行验证，以确保消息的真实性和完整性。同样地，BC 和 CC 在向 HSM 发送数据时，也会采用相同的签名和验证流程。

2. 加强的机密性

改进版本在机密性方面进行了全面加强，主要体现在数据、用户身份的匿名性，假名、签名的无法伪造性，以及通信数据与用户身份的不可链接性。这些措施共同构成了保护用户隐私和数据安全的坚固防线。

电表节点向 BC 传输数据以及向 BC 的查询数据，均以匿名的方式进行。这意味着在数据传输过程中，用户的真实身份和敏感信息不会被泄露。BC 在处理 HSM 的细粒度数据时，即使它与其他用户联合，也不能推测出用户的公钥，更无法获取 HSM 的密钥。这种设计确保了用户 ID 与假名及注册、查询签名之间的不可链接性，使得攻击者难以通过关联分析来追踪用户的真实身份。

此外，改进版本还采用了先进的加密技术来保护数据的机密性。所有敏感数据在传输前都会进行加密处理，只有拥有相应密钥的节点才能解密和访问这些数据。这种加密机制有效防止了数据在传输过程中的泄露和篡改。

3. 查询签名的一次性

为了确保查询过程的安全性和有效性，改进型方案对 BC 签署的对 HSM 的电力响应及耗电数据的查询票进行了严格的一次性限制。这意味着每次查询票都只能使用一次，不能重复使用或二次利用。这种设计有效防止了恶意用户通过二次使用查询票来发送伪造的需求计划或耗电数据以获取奖励的行为。

同时，为了进一步提高系统的安全性，CC 签署的假名注册票也被设置了合理的有效时间限制。这确保了假名注册票在过期后无法再使用，从而减少了潜在的安全风险。这种一次性限制和有效时间限制的结合，为系统的查询过程提供了强大的安全保障。

4. 身份可追踪性以及签名的不可否认性

为了应对受攻击的电表发送恶意或不正常的需求和耗电数据，或者受攻击的 BC 反馈不合理的电力需求响应数据的情况，改进型方案特别设计了"争议"流程。当质疑方发现异常数据时，可以通过提供数据证据来启动争议流程，并请求 CC 对电表用户或 BC 的真实身份进行进一步核实。这种设计确保了系统在出现异常情况时能够及时响应和处理，从而维护了系统的稳定性和安全性。

另外，基于不对称加密的公钥签名方案还具备签名方的"不可否认性"。这意味着一旦某个节点使用其私钥对消息进行了签名，那么它就无法否认自己发送了该消息。这种不可否认性进一步保证了数据发送方的身份的不可抵赖性，为系统的安全性和可靠性提供了有力支撑。

五、智能电网中保障信息安全的关键技术

（一）网络安全区域划分的必要性与实施

为了积极响应国家对信息系统安全等级保护的严格要求，网络安全区域的科学划分成了确保信息安全的关键技术策略。网络安全区域划分，本质上是在统一的信息网络架构内，依据信息网络的使用目的、承载的业务类型、预设的安全目标等多重因素，将网络细分为多个具有特定功能和安全需求的逻辑子网。这些逻辑子网各自遵循一套统一的安全防护体系，包括访问控制规则、边界防护策略等，且彼此间的访问需经过严格的权限审核和访问控制机制。

实施网络安全区域划分，其目的和意义在于：首先，它有助于将复杂庞大的网络安全问题分解为更小、更易于管理的子问题，从而实现对安全风险的有效控制和降低；其次，通过合理的区域划分，可以优化网络结构，为信息系统的安全规划、设计、部署及验收提供清晰的指导框架；再次，它使得安全资源的分配更加精准高效，确保关键信息资产得到最充分的保护；最后，这一策略还简化了网络安全运维流程，便于部署审计设备，为安全检查和审核工作提供了有力支撑。

（二）综合应用多种划分方法设计网络安全区域方案

面对电网企业复杂的业务环境和未来信息系统部署的灵活性需求，单一的

安全区域划分方法已难以满足实际需求。因此，综合考虑业务系统特性、防护等级要求以及系统行为模式，成为设计电网企业网络安全区域划分方案的关键。该方案遵循"分区、分级、分域"的基本原则，从网络边界、网络环境、主机系统、应用环境四个维度出发，构建全面的安全防护体系。

具体而言，首先依据业务类型将信息网络划分为信息内网和信息外网，实现内外服务的严格隔离，有效阻挡来自互联网的潜在威胁，确保信息内网中核心业务的安全稳定运行。对于必须与外界交互的业务，通过指定的安全通道进行数据交换，既保证了业务的连续性，又维护了内网的安全。

其次，在信息内、外网隔离的基础上，根据业务的重要性和敏感性，依据国家信息系统安全等级保护标准，对各信息系统进行安全等级评估，并据此制定差异化的安全防护策略。这一步骤确保了安全资源的合理分配和高效利用。

最后，根据安全等级评估结果和实际需求，制定并实施具体的安全措施。这包括但不限于防火墙配置、入侵检测系统部署、数据加密传输、访问控制策略制定等，以形成多层次、立体化的安全防护网。

（三）逻辑强隔离技术的应用与实践

作为实现网络安全区域"分区"原则的核心技术，逻辑强隔离通过部署逻辑强隔离设备（如网闸）在信息内网和信息外网之间，实现了两者之间的安全隔离与数据交换。与传统的物理隔离相比，逻辑强隔离技术既保证了较高的安全性，又提供了更为便捷的数据交换方式。

在电网企业的实际应用中，逻辑强隔离技术不仅有效提升了信息内网的安全防护水平，还解决了物理隔离环境下信息内外网数据交换不便的问题。通过网闸等设备的特殊端口和协议，实现了营销系统等关键业务数据在安全可控的环境下进行及时交换，确保了业务的连续性和数据的准确性。这一技术的应用，不仅满足了电网企业当前的安全需求，也为未来信息系统的扩展和升级提供了坚实的安全保障。

（四）网络防火墙及入侵检测

网络防火墙与入侵检测作为网络安全防护的核心技术，对于实现"分级"和"分域"管理具有至关重要的作用。网络防火墙，作为一种高效的网络逻辑隔离手段，能够精准地将网络划分为不同的安全区域，并通过预设的安全策略，对各区域间的数据流进行精细化管理与控制，从而有效阻止非法访问和潜在威胁的渗透。

而入侵检测技术，则是对网络防火墙功能的进一步补充与强化。它通过对网络系统的全面监控，能够及时发现并响应各种攻击企图、行为或结果，为网络安全提供了一道坚实的屏障。在电网企业的信息网络环境中，通过合理部署网络防火墙与入侵检测系统，可以实现对信息内网与信息外网的有效隔离与保护。

在信息内网方面，我们根据业务应用的安全防护需求，对系统进行科学定级，并通过 VLAN 技术将相同安全级别的业务应用系统进行归类管理。对于三级及以上的重要系统，我们为其分配独立的 VLAN，并配置专属的防火墙物理端口，以确保其在物理层面的绝对安全。而对于二级及以下的系统，则根据流量需求合理共享物理端口，同时通过严格的访问控制策略和入侵检测系统，对网内流量进行实时监控与检测，确保各安全区域的安全稳定。

在信息外网方面，我们主要关注 DMZ 区、信息外网客户端区和互联网之间的安全防护。通过在网络防火墙中设置严格的访问控制规则，对这三个区域间的数据流通进行严密监控。同时，利用入侵检测系统对相关流量进行入侵检测，及时发现并处置潜在的安全威胁，确保电网企业信息外网业务的顺畅运行。

（五）面向智能电网的信息安全技术探索与实践

1. 信息采集安全防护的深化与创新

智能电网的信息采集工作，主要依赖有线传感器和无线传感器的协同作用。虽然当前有线传感器仍占据主导地位，但无线传感器在未来智能电网中的应用前景不容小觑。为了确保信息采集的准确性和安全性，我们不仅要不断推动传感技术的革新与进步，还要在信息采集终端设备上采用硬件加密技术，确保数据在采集过程中不被窃取或篡改。

2. 信息传输安全的全面保障

信息传输是智能电网运行的重要环节，其安全性直接关系到整个系统的稳定运行。针对智能电网中的无线网络、有线网络和移动通信网络，我们需要根据企业的实际情况，制定科学合理的安全传输策略。通过采用高强度的加密算法对传输数据进行加密处理，确保数据在传输过程中的安全性。同时，我们还要加强对信息节点的数据保护，防止数据在传输过程中被非法截取或篡改。

3. 信息处理防护的多元化与精细化

信息处理是智能电网的核心功能之一，其安全性对于整个系统的稳定运行至关重要。为了提升信息处理的安全性，我们需要采用多种防护手段相结合的方式。首先，要加强对数据保存环境的安全管理，确保数据在存储过程中的安全性。其次，要利用先进的加密技术和访问控制策略，对处理过程中的数据进行严格保护。最后，我们还可以采用横向隔离技术，在生产控制与管理信息大区之间部署电力专用横向隔离装置，实现安全区域之间的高强度隔离，从而有效提升信息处理的安全性。

面对智能电网信息安全领域不断出现的新挑战和新问题，我们需要保持高度的警惕和敏锐的洞察力。通过不断探索和实践新的安全技术和管理手段，我们可以为智能电网的健康发展提供坚实的安全保障。同时，我们也应该充分认识到信息安全在智能电网建设中的重要作用，将其纳入整体发展规划中，推动智能电网信息安全防护体系的不断完善与升级。

六、新形势下智能电网信息系统的安全防护

（一）明确安全防护目标与思路的深化探讨

安全防护的核心目标在于全面提升信息系统的防御能力，确保数据信息的完整性、保密性和可用性，从而保障智能电网的高效、稳定运行。在智能电网的复杂环境中，数据信息的保护尤为关键，因为任何数据的泄露、篡改或丢失都可能对电网的运行造成严重影响。因此，我们必须从数据库管理的严谨性、访问权限的精细控制、容灾备份的完善性以及认证管理的严格性等多个维度出发，构建一套全面、细致的安全管理体系。

实际操作中，若安全防护策略的制定存在疏漏，如职责划分不明、容灾备份措施执行不力等，都将直接威胁到数据信息的安全。智能电网产生的海量数据种类繁多，管理难度极大，这就要求我们在认证管理和访问控制上必须做到严谨无漏，以防止数据泄露和访问混乱。

为实现这一目标，管理者需首先明确安全防护的具体目标，并通过专项培训提升团队对安全防护重要性的认识。在制定安全防护方案时，应遵循科学性、系统性和可操作性原则，确保方案的有效实施。同时，考虑到智能电网的复杂性和信息系统运行环境的多样性，安全防护工作需要技术人员和管理人员的紧密配合，明确各自职责，避免职能重叠或缺失，以确保安全防护工作的质量和效率。

（二）合理应用安全防护策略的细化分析

智能电网信息系统的安全防护需根据具体的安全威胁，采取针对性的防护技术。以下从设备硬件、网络环境以及数据信息三个层面，对安全防护策略进行更为详尽的探讨。

1. 设备硬件层防护策略的细化

设备硬件的安全是智能电网信息系统稳定运行的基础。为确保硬件安全，我们需从通信设备、网络设备和电脑硬件等多个方面入手，制定全面的防护策略。特别是网络设备，由于其易受外界因素影响，应成为防护的重点。

在防护过程中，我们需关注设备的老化问题，特别是在恶劣自然环境下，设备更易受损。因此，应加强对设备的定期检测和维修，及时发现并处理潜在故障。同时，结合智能电网的自愈特性，我们应为信息系统预设故障自我诊断和简单故障排除机制，通过实时监测设备参数，评估设备状态，并设置故障检查和处理程序。对于无法自行解决的故障，系统应及时发出警报，以便管理人员迅速响应并处理。

2. 网络环境层防护策略的深化

网络环境的安全防护是智能电网信息系统防护的重要组成部分。在制定防护策略时，我们应综合考虑网络软件、硬件和数据的安全需求，遵循"全面防护"的原则。

以通信网络防护为例，我们可根据业务类型和安全需求，将网络划分为不同的安全区域，如实时控制区、生产管理区、非控制生产区和管理信息区等。针对每个区域的特点，制定相应的防护模块和策略。专用通信网络传输通道是一种有效的防护手段，能显著提升安全防护级别。同时，我们还应采用横向隔离和纵向认证策略，通过防火墙技术实现模块间的逻辑隔离，防止网络攻击；通过数字证书认证系统实施严格的认证防护，降低非法入侵的风险。

然而，智能电网的网络安全防护仍面临诸多挑战。我们需要在实践中不断借鉴其他领域的网络防护经验，完善防护体系，细化防护措施，确保网络防护的全面性和有效性。同时，还应加强安全防护技术的研发和创新，以满足智能电网不断发展的新需求。

3. 数据信息层防护策略：构建全方位的数据安全堡垒

智能电网信息系统安全防护的核心任务之一，就是确保数据信息的安全无虞。这一任务不仅面临着设备硬件、网络环境等外部因素的挑战，更需应对智能电网信息系统自身数据特性的复杂性与敏感性所带来的巨大考验。智能电网的运行特性决定了其数据量之庞大、种类之繁多，远超传统电力网络，这无疑增加了数据管理与维护的难度系数。同时，智能电网运行所涉及的参数与用户隐私、电力企业运营以及供电稳定性息息相关，一旦数据遭遇泄露或篡改，将可能引发连锁反应，给企业乃至国家带来难以估量的损失。

因此，管理人员必须将数据信息的安全置于首要位置，这种安全观念应超越传统意义上对"网络攻击"的防范，而是涵盖数据从生成到销毁的全生命周期，包括安全存储、安全传输、安全处理等多个维度。

在安全传输方面，我们需采用先进的加密算法对传输数据进行加密处理，确保数据在传输过程中的机密性与完整性。同时，结合网络传输安全技术，如SSL/TLS协议、IPSec隧道等，为数据传输构建一条安全的"绿色通道"。此外，还应定期对传输通道进行安全审计与漏洞扫描，及时发现并解决潜在的安全隐患。

在数据存储与备份方面，面对智能电网产生的海量数据，传统的备份方式已难以满足需求。我们需要采用更为高效、灵活的存储策略。异地容灾是一种有效的备份方式，通过在不同地域设置信息备份，确保在某一地点发生灾难性事件时，能够迅速恢复数据。磁盘阵列存储技术则通过合理规划多个磁盘，形成一个高性能、高可靠性的存储阵列，提高数据的存储质量与安全性。而双机容错技术则通过设置预备的信息系统设备，确保在主设备发生故障时，能够迅速切换至备用设备，保证信息系统的连续运行与数据的可靠性。

除了上述策略外，我们还应加强数据访问控制，确保只有经过授权的用户才能访问敏感数据。同时，通过实施数据分类与分级管理，根据数据的重要性与敏感性，采取不同的安全防护措施。此外，定期的数据安全培训与意识提升也是不可或缺的一环，通过提高员工的数据安全意识与技能水平，共同构建全方位的数据安全堡垒。

数据信息层的防护策略是智能电网信息系统安全防护的重要组成部分。通过实施先进的加密技术、网络传输安全技术、存储与备份策略以及数据访问控制等措施，我们可以有效应对数据信息安全面临的各类挑战，确保智能电网的稳定运行与数据的绝对安全。

第二节　智能电网信息安全保护的发展创新

一、大数据分析中的智能电网信息安全管理

（一）电力产生的大数据应用场景的深入剖析

随着我国智能电网的快速发展，智能设备如智能变电站、智能服务终端等已广泛应用于电力系统中，这些设备通过实时传输数据，为电力公司提供了丰富的信息基础。基于这些大数据，电力公司能够精准预判未来的电力消耗趋势，从而科学调整发电量，确保供需平衡。这种按需发电的模式不仅有效避免了因发电过量导致的资源浪费，也极大地减少了因发电量不足而引发的局部停电现象，提升了电力系统的稳定性和经济性。

在输电环节，大数据同样发挥着重要作用。通过分析各地区用电情况，电力公司可以灵活调整变电站数量和电线路径，优化电力传输网络，降低因电线线阻造成的能源损耗。此外，大数据还助力电力公司实现对电力配送的精准调度，根据不同时段、不同地区的电量需求变化，合理调配电力资源，确保电力能够高效、安全地输送到用户端，避免因电压过高导致变电器损坏等问题的发生。

目前，我国正加速推进智能电力设备的普及与应用，特别是终端设备的投放力度不断加大。这些终端设备作为电力数据的重要来源，能够实时反映居民用电的实际情况，为电力公司制定更加科学合理的电力供应策略提供有力支撑。同时，辅以先进的电压检测设备和其他检测设备，电力公司能够实现对电力系统的全面监控与管理，确保电力系统的稳定运行。

大数据在电力领域的广泛应用，不仅提升了电力系统的智能化水平，也为国家决策提供了有力支持。通过大数据分析，国家可以更加准确地掌握电力消费情况，为制定相关政策提供科学依据，增强政策的逻辑性和信息的完整性、准确性。同时，大数据还能够有效评估政策执行效果，帮助从业人员根据实际情况做出合理安排，提升电力行业的整体运营效率。

（二）大数据存在的安全风险及其应对策略

大数据在电力领域的广泛应用虽然带来了诸多便利，但同时也给信息安全

带来了严峻挑战。首先，大数据中蕴含着大量的用户信息，包括用电量等敏感数据。这些数据一旦被不法分子获取并利用，将严重威胁用户的个人隐私安全。因此，电力公司必须加强对用户数据的保护，采取加密、脱敏等技术手段确保数据安全。

其次，对于一些军事单位、科研企业等敏感用户而言，其用电量等数据信息往往涉及国家安全。一旦这些信息被泄露，将可能对国家安全和利益造成重大损害。因此，电力公司应加大对这些敏感用户数据的保护力度，建立严格的数据访问和授权机制，确保数据安全可控。

最后，大数据在电力传输、处理和应用过程中还面临着诸多安全风险。例如，在数据传输过程中，不法分子可能利用设备窃取数据或篡改数据后再传输；在数据处理过程中，也可能存在数据泄露、被恶意攻击等风险。随着电子设备的不断迭代升级，这些安全风险也变得更加复杂和难以防御。

为了有效应对这些安全风险，电力公司需要采取一系列措施。首先，应建立完善的数据安全管理制度和应急预案，确保在发生数据安全事件时能够迅速响应并妥善处理。其次，应加强对数据的安全防护和加密处理，采用先进的技术手段确保数据在传输、存储和处理过程中的安全性。再次，还应加强对员工的安全培训和意识提升，提高员工对数据安全的认识和重视程度。最后，电力公司还应与相关部门和机构加强合作与信息共享，共同构建电力大数据的安全防护体系。

（三）大数据的防护办法

1. 智能电网的信息安全防护管理

在智能电网的信息安全防护管理中，等级保护基本要求构成了管理框架的基石。在此基础上，针对智能电网的特殊性，我们需要进一步细化和增加管理内容，以确保信息安全防护的全面性和有效性。

（1）安全管理机构方面

首先，必须明确电力企业主要负责人为信息安全的第一责任人，这是确保信息安全防护工作得到足够重视和有效实施的关键。同时，应分设配备专职的信息安全职能监管人员和技术分析人员，他们负责监督和执行信息安全策略，以及分析潜在的安全威胁。在条件允许的情况下，设立专职部门来统筹管理信息安全工作，将更有助于提升信息安全防护的效率和效果。

此外，按照国资委的信息化评价要求，应增加信息安全投入保障，确保系统信息安全建设、运维及等级保护测评资金的充足。这些资金应被纳入系统建设规划预算方案，以确保信息安全防护工作的持续性和稳定性。同时，细化沟通和合作要求，加强与行业监管部门、公安部门、通信运营商、银行等相关部门的交流与沟通，形成信息安全防护的合力。

（2）人员安全管理方面

人员是信息安全防护中的关键因素。针对人员安全意识薄弱的问题，应强化对员工安全意识的宣教培训。这包括将与岗位相关的信息安全要求、技能和操作规程的培训纳入年度个人专业技术技能考核，以确保员工具备必要的信息安全知识和技能。同时，对于第三方人员，如系统管理员、网络管理员及安全管理员等关键岗位员工，应签订保密协议和岗位安全协议，明确其安全责任和义务，降低因人员因素导致的安全风险。

（3）系统建设管理方面

在系统建设管理方面，应细化各级信息系统的等保定级流程，确保每个系统都能得到恰当的安全防护。同时，增加信息安全产品的选型评测管理，确保选用的安全产品符合行业标准和安全要求。对于外包软件源代码的安全管理，应建立系统代码分级安全审查评测机制，防止代码中的安全漏洞被利用。在系统运维管理方面，应从出入库、分发、使用、变更、销毁等各个环节进行管理，确保数据的完整性和安全性。

2. 电力系统所产生大数据的防护

电力系统所产生的大数据是宝贵的资源，但同时也面临着严峻的安全挑战。为了有效防护这些数据，我们需要采取规范化的防护措施。

（1）搭建安全防护机制

首先，应制定完善的安全防护机制，确保用户信息不被泄露。这包括做好人员的培训、设立标准化流程、优化数据储存方式、检查传输节点以及加强网络防护等措施。同时，借鉴国际先进经验，研究制定符合我国国情的大数据保护法律，明确数据权属关系和交易规则，建立数据保护的专门机构并明确其职责权限。

（2）做好技术保障

技术保障是大数据防护的重要支撑。我们应加大力度突破网络安全技术瓶颈，搭建网络安全信息交流平台，实现安全数据的共享和随时调阅。同时，根据需求合理分配资源，提高安全防护的效率和效果。此外，还应提前演练一些危害较大的事故，制定突发情况下的应变措施，确保在紧急情况下能够迅速应对。

（3）提高安全意识

提高安全意识是大数据防护的基石。我们应加强对手机厂商和手机应用软件的约束和管理，防止其窃取用户数据。同时，加强与诚信商户的合作，推动互联网市场的良性发展。定期邀请第三方专业安全团队对现有数据系统进行模拟攻击，找出漏洞并及时修复。对互联网现存的大数据合作平台做好监管工作，防止因其他平台的问题影响到电力大数据平台的数据安全。此外，还应加强大数据安全意识宣传和培训工作，提高公众和员工的防范意识和能力。设立群众投诉和举报渠道，鼓励公众积极参与信息安全防护工作。电力公司内部也要加强防范意识和管理措施，确保数据安全无虞。

二、利用人工智能保护智能电网信息安全的策略

（一）加强数据信息保护

对于电力企业来说，电网数据的安全性是其持续稳定发展的基石。数据丢失或损坏不仅可能导致企业运营中断，还可能引发严重的经济损失和法律风险。因此，构建全面而有效的数据备份体系至关重要。数据备份应涵盖本地备份和异地备份两个层面：本地备份能够迅速恢复因员工误操作或局部系统故障导致的数据丢失；异地备份则能在遭遇自然灾害、大规模网络攻击等极端情况下，确保数据的完整性和可用性。此外，根据电网系统的不同级别和重要性，应采用差异化的数据保护策略，如用户自主保护、访问权限控制、数据加密等，以实现精细化的安全管理。

（二）应用安全管理技术

为了提升电网信息网络的安全防护能力，电力企业应采用先进的模拟攻击技术，通过模拟黑客的攻击行为，主动发现网络系统中的安全漏洞。这种"以攻促防"的方式能够帮助企业及时识别并修复潜在的安全风险。同时，应用安全扫描技术可以定期对网络系统进行全面检查，自动发现并报告存在的安全漏洞，及时发出预警，使技术人员能够迅速采取措施进行防御。结合人工智能和自动化补丁技术，可以大幅降低企业的运维成本，同时显著提升信息网络的安全性。

（三）实施定量风险分析

定量风险分析是电网信息安全管理的重要手段。通过对历史风险事件进行深入研究和分析，企业可以识别出电网系统面临的主要风险类型，并量化这些风险可能造成的损失。在此基础上，利用人工智能和计算机软件构建风险模

型,可以更加精准地评估风险敞口,为制定有效的安全防护措施提供科学依据。虽然定量风险分析需要较高的专业水平和时间成本,但其对于提升核心数据信息的安全性、降低整体风险水平具有重要意义,特别是对于大型电网系统或关键业务系统而言。

(四)构建信息处理安全机制

在智能电网时代,网络共享机制成为信息传输的重要方式。然而,这也增加了数据被窃取或盗用的风险。因此,电力企业需要建立完善的信息处理安全机制,包括设置防火墙、入侵检测系统、数据加密等措施,以确保数据在传输和存储过程中的安全性。同时,利用大数据技术对电网运行数据进行深入分析,可以及时发现异常行为和安全隐患,提升信息的辨别和响应能力。对于常见的安全漏洞,如 SQL 注入、弱口令等,技术人员应掌握相应的防御技巧,如参数化查询、口令复杂度提升等,以有效抵御攻击。

(五)提升硬件设施安全性

硬件设施是电网信息安全的基础。电力企业应加大对硬件设施的投入,升级和强化物理环境的安全性,包括安装智能化计量装置、数据储存设备等,以提升系统的抗攻击能力和数据恢复能力。同时,定期对硬件设备进行检修和维护,确保设备处于良好状态,避免因设备故障导致的系统崩溃或数据丢失。此外,还应加强物理环境的监控和管理,如安装监控摄像头、入侵报警系统等,以防范物理层面的安全威胁。

(六)全面提升数据安全性

在提升数据安全性的过程中,电力企业应综合考虑安全分区、横向隔离、纵向隔离等多个方面,构建多层次、立体化的安全防护体系。通过应用加密技术、防火墙技术、隔离技术等手段,对电网信息进行全面保护,防止数据被篡改、复制或泄露。同时,建立电网信息数据库,实现数据的自动备份和快速恢复功能,确保在遭遇突发事件时能够迅速恢复业务运营。此外,还应加强数据的完整性、真实性验证机制,确保数据的准确性和可靠性。

(七)完善保护机制与动态防御

在建设电网安全网络保护机制时,电力企业应充分考虑企业运行情况和网络状态的变化,采用动态防御技术和蜜罐技术等先进手段。蜜罐技术通过模拟真实的网络环境吸引黑客进行攻击,从而揭示黑客的攻击手法和策略,为企业提供有针对性的防御依据。同时，动态防御技术能够根据网络流量的变化、攻击行为的特征等实时调整防御策略，提高防御的灵活性和有效性。通过不断完善保护机制和加强动态防御能力，电力企业可以更有效地应对日益复杂的网络安全威胁。

三、边缘计算的影响

随着5G网络建设的迅猛推进和智能电网概念的逐步落地，电力行业正迎来一场前所未有的变革。在这场变革中，移动终端作为连接电力系统与用户、设备的关键桥梁，其数量、种类以及接入方式均呈现出快速增长的态势。然而，这一趋势也给电力行业的信息安全带来了前所未有的挑战。特别是在电力多应用于恶劣或无人环境的背景下，智能巡检机器人等设备的广泛应用虽然提高了巡检效率，但随着设备数量的激增，传输数据量也随之飙升，导致云端收发和处理数据的时延不断增长，难以及时发现并处理潜在的安全隐患。

更为严峻的是，终端与电力系统之间的通信往往依赖无线通信技术。这种开放性的数据传输方式在带来便捷性的同时，也埋下了机密信息被窃取和非法接入等安全隐患。相较于传统的2G、3G以及4G网络，5G网络以其更大的容量、更低的时延以及更快的速度，为电力行业提供了更为广阔的应用前景。然而，5G网络的灵活性和可扩展性也意味着它需要更高层次、更多维度的安全机制来保障电力终端的及时且安全接入以及信息的有效传送。

在此背景下，边缘计算作为一种新兴的计算模式，逐渐崭露头角。不同于云计算的集中式架构，边缘计算将存储和计算等能力推进到了靠近数据源头的一侧，实现了快速的本地数据分析能力。这种分布式的计算方式不仅能够有效减少数据传输的次数，减轻网络带宽的压力，还能显著提升数据处理的效率和安全性。对于电网这种需要低时延、高可靠、多连接、强安全以及异构汇聚特点的场景而言，边缘计算无疑具有得天独厚的优势。

在智能电网发展之初，物联网和云计算技术的集成便彻底改变了其传统的运行方式。云计算提供了可扩展且几乎不受限制的计算资源和网络资源，使得智能电网数据的高效分析成为可能。然而，随着电网智能化程度的不断提升，传感通信网络的日益庞大以及节点类型和数量的不断增长，电力系统对计算和网络资源的需求也愈发迫切。传统的基于中心化处理的云计算架构由于远程通信和拥塞的网络流量问题，已经难以满足智能电网对网络带宽和传输速度的高要求。特别是对于数据延迟至关重要的智能电网应用来说，中心化的云计算模式越来越显得力不从心。

为了应对这一挑战，人们提出了雾计算的概念。雾计算通过在中间设备上分配计算和网络资源，有效缓解了服务中心资源分配的压力。这些中间设备被赋予了新的角色——雾计算节点或边缘计算节点。这些节点需要承载更多的计算和网络通信功能，以降低对数据中心的存储需求和计算压力，从而削减网络通信成本，降低网络拥塞的风险。然而，随着数据存储和计算功能向边缘计算节点的转移，也带来了新的安全威胁。特别是通过假冒边缘计算节点进行的攻击，可能会对电力系统的信息安全构成严重威胁。因此，在享受边缘计算带来便利和优势的同时，我们也必须高度重视并妥善应对这些新兴的安全挑战。

（一）电力终端的边缘云部署

1. 云计算与边缘计算对比

在 5G 技术全面普及之前，数据的处理和决策流程主要集中于云端，而终端设备则主要承担数据的收集和回传任务。然而，随着终端数量的急剧增加，数据量呈现爆炸式增长，导致传输负载大幅上升，云端的计算能力开始显得力不从心，难以满足日益增长的实时性需求。

与传统的云计算模式相比，边缘计算将存储、计算等核心能力巧妙地集成到了终端侧。在多源异构数据处理、带宽负载管理、资源浪费控制、资源安全保障以及隐私保护等多个方面，云计算与边缘计算各自展现出了独特的优势与不足。边缘计算在速度和安全性能方面表现尤为出色，能够迅速响应环境变化，降低数据泄露风险。然而，其计算能力相对较弱，不适合进行大规模的数据分析和决策制定。同时，由于边缘计算的信息是短期保存的，因此不适合存储那些需要长期调用的数据。

因此，我们可以将边缘计算视为云计算的重要补充和延伸。云计算擅长处理长周期、非实时的大数据计算任务，而边缘计算则更适合进行短周期、快速响应的本地计算。两者相互补充，共同解决了传统云计算在"最后一公里"传输和响应上的难题。特别是在电力场景等垂直行业中，信息的及时和安全传递至关重要。传统基于云的系统过于集中化和平台化，难以满足电力终端接入的实时性和安全性要求。因此，我们需要着力构建基于云边协同计算的电力系统架构，以充分发挥云计算和边缘计算各自的优势。

2. 边缘云部署

边缘计算通过将计算能力从云端下沉到数据源侧，为巡检机器人等终端设备赋予了数据存储、计算以及分析等多重能力。这一变革性的部署方式使得巡检机器人能够在本地处理大部分数据，仅将特殊节点（如故障点）的数据信息传送回云端。这种策略有效避免了海量信息同时传送可能造成的网络阻塞问题。

云端作为大数据中心，通过不断接收终端回传的数据，可以持续更新并优化模型，然后将这些模型下沉到终端设备中。这样，电网与终端之间就构成了一个高效的分布式云端协同计算部署体系。云端负责处理汇总的数据并生成决策模型，而终端则能够在数据源一侧迅速响应环境的变化。这种部署方式非常适合电力这种对速度和安全有极高要求的领域。通过边缘云的部署，我们可以实现数据的快速处理、决策的即时制定以及故障的快速响应，从而确保电力系统的稳定运行和高效管理。

（二）安全可信接入的深化实施

随着终端设备功能的日益丰富，其在存储、计算及网络连接等方面的作用愈发显著，但随之而来的安全问题也愈发严峻。安全可信接入，作为确保终端设备能够安全、稳定地接入内网并进行信息交互的关键技术，其重要性不言而喻。鉴于终端设备数量庞大、类型繁杂且接入方式灵活多变，加之普遍采用无线通信技术进行数据传输，使得终端与网络接口呈现出高度的开放性，从而成为黑客攻击的首选目标，极易导致数据泄露和信息盗取等严重后果。

为了有效应对这一挑战，我们必须对现有的接入认证方案进行全面的完善与改进。这包括但不限于强化身份认证机制，采用更为复杂且难以破解的加密算法，以及建立动态更新的安全策略库，以应对不断演变的攻击手段。同时，我们还应加强对终端设备的安全管理，通过定期的安全检测与漏洞修复，确保终端设备在接入内网前已具备足够的安全防护能力。此外，引入多因素认证技术，如结合生物特征识别、物理设备特征等多种认证方式，可以进一步提升接入过程的安全性，确保只有经过严格验证的终端设备才能接入内网。

（三）电力终端安全可信部署的全面升级

在电力这一特殊应用场景下，终端设备的接入与断开连接频繁发生，且数量庞大，这无疑给电力终端的安全部署带来了极大挑战。从终端、传输通道到应用系统，每一个环节都可能成为安全隐患的源头。以巡检机器人和 PDA 等电力行业中广泛应用的终端为例，它们虽能在恶劣环境下进行高效监控，但在物理防护、系统安全及数据存储等方面却面临着诸多威胁。一旦这些已接入内网的终端丢失或被恶意入侵，将极有可能导致机密数据的泄露，进而给电力企业带来不可估量的损失。

为了有效解决这一问题，我们需要在电力终端安全可信接入技术上引入更为先进的技术手段，如移动边缘计算技术。通过将计算能力下沉到本地，我们可以实现终端身份的高效认证，从而确保电力系统中终端的高可靠和高安全接入。同时，我们还可以在终端侧集成终端接入管理装置，这一装置将负责控制终端的身份管理、接入权限以及接入方式等关键要素，并与云端数据中心实现紧密协同。在终端设备侧完成身份验证和连接等程序后，该装置能够迅速响应终端请求，并将潜在风险限制在可控范围之内。

更为重要的是，电力终端安全可信接入方法应不仅仅局限于身份和平台完整性的验证。我们还应实时收集并分析用户行为信息，通过间隔性的查验与判断，及时发现并应对用户身份或行为的异常状况。一旦检测到任何异常，系统将立即切断与终端的连接，从而确保整个系统的实时安全和可靠性。这种基于用户行为的电力终端安全可信接入方法，将为我们提供更加全面、细致的安全防护，为电力企业的数字化转型提供坚实的保障。

四、智能电网信息安全可利用的 5G 技术

（一）5G 控制技术功能简介

1. 大规模的 MIMO 控制技术

在当今的通信领域，大规模的多输入多输出（Multiple Input Multiple Output，MIMO）控制技术正逐渐崭露头角，成为提升网络性能的关键手段。这项技术不仅能够在宏观上拓宽网络通道信号的宽度，增强信号传输的稳健性，而且在微观层面，它还能对基站设备的天线配置进行精细管理，确保各个信号通道间具备良好的天线转换特性。这种特性使得信道复用成为可能，极大地提高了频谱资源的利用效率。

从实际应用角度来看，大规模 MIMO 技术凭借其强大的信号处理能力，不仅实现了移动通信网络信息的实时、高效传输，还显著提升了通信信息的传输速度，进而增大了移动通信信息系统的网络容量。这种技术特别适用于构建灵活的通信网络模型框架，它以企业移动通信系统网络为基础，既满足了高速度、短距离的通信技术需求，又紧跟了网络信息发展的步伐，为未来的通信网络升级奠定了坚实基础。

2. 全双工收发技术

全双工收发技术，作为通信技术领域的一项颠覆性革新，其核心价值在于

其能够以前所未有的方式，充分利用并优化相同的信号频谱资源。这一技术的独特魅力，在于它实现了两个收发系统之间数据信息的实时、双向且同步传输，彻底突破了传统通信模式中信息传输的单向性和时序性限制。通过这一创新，全双工技术不仅极大地缩短了收发系统的信息响应时延，使得数据的交换与处理更加迅捷，还显著提升了频谱资源的利用效率，有效缓解了当前通信网络中频谱资源日益紧张的问题。

相较于传统的半双工或单工收发技术，全双工技术的优势显得尤为突出。它不仅在传输效率上实现了质的飞跃，更在频谱资源的管理与利用上展现了前所未有的灵活性和便利性。在传统的通信模式下，频谱资源往往被视为一种稀缺且固定的资源，其分配和使用受到严格限制。然而，全双工技术的出现，打破了这一固有的局限。它使得通信系统在面对日益紧张的频率资源环境时，能够更加从容不迫地应对挑战，通过高效的频谱利用和灵活的资源配置，为未来的通信网络扩容、升级以及新业务、新应用的引入提供了坚实的支撑和无限的可能。

此外，全双工收发技术的广泛应用，还将对通信网络的架构、设计以及运维模式产生深远的影响。它要求我们在设计通信网络时，必须充分考虑全双工技术的特性，优化网络结构，提升网络性能；在运维过程中，则需要借助先进的管理工具和技术手段，实现对全双工通信系统的精细化管理和智能化运维。只有这样，我们才能充分发挥全双工技术的优势，推动通信技术的持续进步和创新，为构建更加高效、智能、安全的通信网络贡献力量。

3. 终端直通（Device-to-Device，D2D）技术

D2D 技术作为 5G 通信技术的重要组成部分，实现了用户端与终端网络的直接通信，是完善手机用户与终端网络通信的关键技术之一。与传统无线通信技术相比，D2D 技术具有显著的优势。它不仅能够利用通信技术用户进行基站之间的网络传输，还能实现与用户终端设备之间的直接网络通信联系，极大地丰富了通信方式。

随着科技经济的蓬勃发展，多媒体行业也迎来了前所未有的变革。传统的以虚拟基站网络为处理中心的复杂网络处理架构，在面对海量网络用户及其复杂业务处理需求时，已显得力不从心。而 D2D 技术的出现，恰好弥补了这一不足。它能够实现两个对等用户节点之间的直接通信，不仅提高了数据传输的效率，还降低了传输时延和系统功耗。此外，D2D 技术还能灵活调整网络架构，改善网络覆盖问题，为未来的短距离高速通信业务场景提供了广阔的应用前景。可以预见，在未来的通信网络中，D2D 技术将发挥越来越重要的作用。

（二）优化 5G 安全时代智能电网信息安全的具体解决对策

1. 构建一体化的 5G 智能电网信息安全防护体系

当前，网络空间正面临着前所未有的网络安全挑战，众多组织化、高水平黑客的网络攻击层出不穷，对网络应用群体构成了严重威胁。特别是以高级持续性威胁攻击为代表的恶意行为，在智能电网网络安全竞争这一关键领域尤为突出。这些攻击在高额成本的支撑下，呈现出有组织、有计划的特点，且主要瞄准关键信息基础设施和重要信息系统，其复杂性和破坏性远超传统的单点攻击。随着 5G 技术的广泛应用和万物互联时代的到来，这种威胁更是被进一步放大，因为 5G 网络的高度互联性使得攻击面更广，传播速度更快，影响范围也更广。

为了有效应对这一严峻形势，我们必须不断深化对 5G 安全动态防护管理的研究，积极探索并加强各种安全防护措施的管理机制。这包括但不限于加强网络架构的安全性设计，提升数据传输的加密强度，以及建立完善的应急响应体系等。同时，我们还应快速行动起来，着手构建一个全面、系统的安全保障能力体系。这一体系应能够整合各类安全资源，形成强大的防护合力。在此基础上，我们还需要进一步完善 5G 动态智能电网网络信息安全资源共享防护联动机制，确保各相关部门和机构之间能够实现信息的及时共享和协同作战。

通过这样一系列的努力，我们有望构建一个结合面广泛、覆盖面全面的防护管理安全体系。这一体系将能够动态适应不断变化的网络安全威胁，及时发现并处置潜在的安全风险，从而确保 5G 网络在智能电网等关键领域的应用更加安全、可靠。这不仅是对当前网络安全挑战的积极回应，更是对未来网络空间安全发展的深远布局。

2. 提高智能电网用户数据与个人信息的安全隐私性

如今，我们已然全面踏入了 5G 时代的大门，这个崭新的时代以其超高速率、大容量连接和低时延等显著特性，为数字化信息处理带来了前所未有的便捷与高效。在这个大数据经济蓬勃发展的时代背景下，人们已经习以为常地将各类数据信息，无论是生活琐事还是商业机密，都纷纷上传至互联网这片广阔的海洋之中。这些海量数据在需要时能够被迅速而广泛地访问和利用，极大地促进了信息的流通、共享以及知识的创新，为社会的进步和发展注入了强大的动力。

然而，在我们享受 5G 时代带来的数字化便利的同时，也必须清醒地认识到，无线网络数据传输的安全性问题已经日益凸显，成了一个不容忽视的严峻挑战。由于无线网络环境的开放性，数据在传输过程中就像是在无垠的网络空间中裸奔，极易成为恶意攻击者或黑客的猎物。他们可能利用高超的技术手段，对数据进行非法截获、篡改甚至破坏，这不仅可能给个人或企业带来难以估量的经济损失和声誉损害，更可能在极端情况下对整个国家的安全稳定构成严重威胁，引发社会恐慌和动荡。

因此，加强网上数据无线传输的隐私性与安全性防护，已经刻不容缓，成为我们共同面临的重大课题。要提升用户的数据安全意识，教育引导用户在处理个人信息或敏感数据时，必须时刻保持高度的警惕和敏锐的洞察力。这不仅仅包括使用强密码、定期更新安全设置这些基础操作，更要从多个维度全面考虑安全问题。例如，在连接无线网络时，要谨慎选择可信赖的网络接入点，避免连接到存在安全隐患的公共网络；在进行敏感操作时，要尽量使用安全的网络环境，如启用 VPN 等加密通道；同时，还要定期备份重要数据，以防数据丢失或被破坏。

除了提升用户的数据安全意识外，企业和相关机构也应承担起应有的责任，加强数据安全防护技术的研发与应用。他们应该投入更多的资源和精力，研发出更加先进、更加可靠的数据加密技术、访问控制机制和数据脱敏手段。通过加密技术，可以确保数据在传输过程中被转换成难以被破解的密文，即使被截获也无法轻易还原；通过访问控制机制，可以严格限制对数据的访问权限，确保只有经过授权的用户才能访问到相应的数据；而数据脱敏手段则可以对敏感数据进行处理，使其在不改变原始数据含义的前提下，降低数据泄露的风险。

此外，为了更有效地防范数据泄露和非法入侵的风险，我们还需要建立完善的网络安全监测和预警机制。通过对网络流量的实时监测和分析，可以及时发现异常行为并发出预警信号，为应急响应和事故处理赢得宝贵的时间。同时，我们还应加强与国际社会的合作与交流，共同应对跨国网络犯罪和网络攻击等全球性挑战。

当然，要构建一个安全、可信赖的 5G 网络环境，并非易事。这需要政府、企业、用户以及社会各界共同努力，形成合力。政府应出台更加严格的数据安全法律法规，加大对违法行为的打击力度；企业应积极履行社会责任，不断提升自身的数据安全防护能力；用户则应提高自我保护意识，合理使用网络资源并遵守相关规定。

5G 时代的到来为我们带来了前所未有的数字化便利和机遇，但同时也带来了严峻的数据安全挑战。只有不断加强网上数据无线传输的隐私性与安全性防护工作，提升用户的数据安全意识，加强数据安全防护技术的研发与应用，并建立完善的网络安全监测和预警机制，我们才能确保个人、企业和国家的信息安全不受侵害。只有这样，我们才能在享受5G时代带来的便捷与高效的同时，拥有一个安全、可信赖的网络环境，为社会的持续进步和发展提供坚实的保障。

3. 切实做好新的网络风险事件应急处理预案

在5G时代，智能电网作为国家关键基础设施的重要组成部分，其信息安全问题显得尤为突出。随着网络技术的飞速发展和万物互联的深入实施，智能电网不仅面临着传统网络安全威胁的升级，还遭遇了更多新型、复杂且隐蔽的安全挑战，尤其是网络安全与个人信息泄露的风险日益加剧。为了有效应对这些挑战，构建一套高效、全面的网络风险事件处理应急机制，以及加强对社会风险影响的安全信息管理，成为当务之急。

（1）网络风险事件处理应急方法的构建

建立快速响应机制：首先，必须建立一套快速响应机制，确保在网络安全事件发生时能够迅速识别、评估风险，并启动相应的应急预案。这包括建立24小时监控体系，利用大数据和人工智能技术实时监测网络流量、异常行为等，一旦发现潜在威胁，立即进行预警和处置。

制定详细应急预案：针对不同类型的网络安全事件，如黑客攻击、数据泄露、恶意软件感染等，应制定详细的应急预案。这些预案应明确应急响应的流程、责任分工、技术手段、资源调配等，确保在紧急情况下能够有条不紊地展开应对工作。

加强演练与培训：定期组织网络安全应急演练，模拟真实环境下的安全事件，检验应急预案的有效性和团队的应急响应能力。同时，加强对相关人员的网络安全培训，提升他们的安全意识和技能水平，确保在关键时刻能够迅速、准确地采取行动。

建立协同联动机制：智能电网的信息安全涉及多个部门、企业和机构，因此需要建立跨部门的协同联动机制。通过信息共享、资源互补、技术协作等方式，形成合力，共同应对网络安全挑战。

（2）加强社会风险影响的安全信息管理

完善数据安全管理制度：建立健全智能电网数据安全管理制度，明确数据采集、存储、处理、传输和使用的规范和要求。加强对敏感数据的保护，采用加密、脱敏等技术手段确保数据在传输和存储过程中的安全性。

加强用户隐私保护：智能电网中涉及大量用户个人信息，应严格遵守相关法律法规，确保用户隐私得到妥善保护。在收集、使用用户信息时，应明确告知用户相关信息的使用目的、方式和范围，并取得用户的明确同意。

建立风险评估与预警机制：定期对智能电网的信息安全风险进行评估，识别潜在的安全漏洞和威胁。建立风险预警机制，及时发现并处置可能引发社会风险的安全事件，防止问题扩大化。

加强国际合作与交流：智能电网的信息安全是全球性问题，需要加强与国际社会的合作与交流。通过参与国际标准化组织、加入网络安全联盟等方式，学习借鉴国际先进经验和技术，共同提升智能电网的信息安全水平。

为了更加有效地解决5G时代智能电网信息安全所面临的问题，特别是网络安全与个人信息泄露的风险，我们必须从多个方面入手，构建完善的网络风险事件处理应急机制，加强社会风险影响的安全信息管理。只有这样，我们才能在日益复杂的网络安全环境中确保智能电网的安全稳定运行，为经济社会发展提供有力支撑。

4. 5G时代智能电网信息安全数据防护系统保障设施认证管理

在5G时代，智能电网作为能源互联网的核心组成部分，其信息安全防护系统的完善与否直接关系到整个能源系统的稳定运行和国家的能源安全。因此，为了进一步加强5G时代智能电网的信息安全数据防护，我们必须从多个维度出发，全面提升我国的网络安全基础设施水平，确保在坚实的基础设施支撑下，人们能够安心、高效地使用5G安全网络。

首先，完善网络安全基本配套设施是构建智能电网信息安全防护体系的基石。这包括但不限于升级网络硬件设备、优化网络架构、增强网络传输的加密与解密能力等。通过采用先进的防火墙技术、入侵检测系统以及数据加密技术，我们可以有效抵御外部的网络攻击和数据窃取，确保智能电网中的数据传输和存储过程的安全性。同时，还需要加强对网络设备的定期维护和更新，及时修复可能存在的安全漏洞，防止黑客利用这些漏洞进行非法入侵。

其次，建立统一完整的网络安全系统认证管理机制对于智能电网5G网络安全至关重要。这一机制应包括对网络设备的身份认证、对数据传输过程的加密认证以及对用户访问权限的严格控制等。通过实施严格的认证管理，我们可以确保只有经过授权的用户和设备才能访问智能电网系统，从而有效防止未经授权的访问和数据泄露。此外，还应建立完善的安全审计和日志记录机制，对网络活动进行实时监控和记录，以便在发生安全事件时能够迅速定位问题并采取应对措施。

为了进一步提升智能电网5G网络安全防护体系的标准化和规范化水平，

我们需要加快对 5G 安全网络信息管理系统建立标准化管理体系。这包括制定详细的 5G 安全防护系统自主研发的分层次标准，明确各阶段的研发目标和任务，确保研发工作的有序进行。同时，还应加强对 5G 安全防护技术的研发和创新，不断推动技术的升级和迭代，以应对日益复杂多变的网络安全威胁。

在具体实施上，我们可以根据当前的政治任务和能源发展战略，加快构建统一的全国性安全网络等级认证管理体系。这一体系应涵盖智能电网的各个层面和环节，从网络设备到数据传输、从用户访问到数据处理，都应有明确的认证标准和流程。通过实施这一体系，我们可以实现对智能电网信息安全防护的全面、统一和高效管理，提升整个系统的安全防护能力。

最后，为了增强人们对 5G 安全网络的信心，我们还需要加强网络安全教育和宣传。通过举办网络安全知识讲座、开展网络安全演练等活动，提高公众对网络安全的认识和防范意识。同时，还应加强与用户的沟通和互动，及时了解用户的需求和反馈，不断优化和完善智能电网信息安全防护体系，确保用户能够放心、安全地使用 5G 安全网络。

加强 5G 时代智能电网信息安全数据防护系统是一项系统工程，需要我们从多个方面入手，全面提升网络安全基础设施水平、建立统一完整的网络安全系统认证管理机制、加快标准化管理体系建设、构建全国性安全网络等级认证管理体系以及加强网络安全教育和宣传。只有这样，我们才能确保智能电网在 5G 时代的安全稳定运行，为国家的能源安全和经济社会的可持续发展提供有力保障。

5. 着力打造多方共同参与有效协同的智能电网信息安全综合治理创新格局

5G 安全技术的广泛应用，正以前所未有的深度和广度渗透到我国经济的各个领域，不仅极大地拓展了安全边界，也带来了前所未有的挑战与机遇。随着 5G 技术的快速发展，其在网络安全、科学技术发展以及行业应用中的安全防范治理问题日益凸显，成为我们必须正视并亟待解决的关键议题。

首先，5G 技术的引入，无疑为各行各业带来了革命性变革。它以其超高速率、大容量连接和低时延的特性，为智能制造、智慧城市、远程医疗等前沿领域提供了强大的技术支持。然而，这种技术的广泛应用也伴随着安全风险的增加。5G 网络的安全边界不再局限于传统的物理隔离，而是扩展到了虚拟空间，这使得网络安全威胁变得更加复杂和难以预测。因此，加强安全风险防范能力，成为保障 5G 技术健康发展的首要任务。

为了实现这一目标，我们需要不断深化安全风险及跨行业网络评估工作。

这包括建立全面的安全评估体系，对5G网络在各个行业的应用场景进行细致入微的风险分析。通过定期的安全审计和漏洞扫描，及时发现并解决潜在的安全隐患。同时，我们还需要加强评估结果的转化和运用，将评估发现的问题转化为具体的改进措施，并督促相关企业和行业机构落实整改，确保安全管理的有效性。

在加强安全风险防范的过程中，结合行业领域的垂直特点进行安全知识研究显得尤为重要。不同行业有着各自独特的安全需求和风险点，因此我们需要深入研究这些特点，制定针对性的安全策略。例如，在智能制造领域，我们需要关注工业互联网的安全防护，确保生产数据的安全传输和存储；在智慧城市领域，则需要加强城市基础设施的网络安全防护，防止黑客利用漏洞进行恶意攻击。

为了构建更加完善的安全管理体系，我们还应充分发挥标准统一化管理的优势。通过制定和执行统一的安全标准，我们可以确保不同企业和行业机构在安全管理上的协调一致，形成合力。这不仅可以降低安全管理成本，提高管理效率，还可以促进各行业之间的信息共享和协同防御，共同应对网络安全威胁。

在实现这一目标的过程中，企业与行业以及机构之间的合作至关重要。我们需要建立一种合作共赢的机制，明确各自的安全治理责任，共同推动安全管理工作的深入开展。这包括加强信息共享、技术交流和人员培训等方面的合作，提高整体的安全防范水平。

其次，随着5G技术的不断发展和应用场景的拓展，新的安全管理机制也必将逐步建立起来。这种机制将更加注重预防、监测和响应的有机结合，形成一套完整的安全管理闭环。与传统的安全管理机制相比，新的机制将更加灵活、高效，能够更好地适应5G时代的安全需求。

在新的安全管理机制下，我们将更加注重数据的保护和隐私的尊重。通过加强数据加密、访问控制和隐私保护等措施，确保用户数据的安全和隐私不被侵犯。同时，我们还将加强对网络安全的监测和预警，及时发现并处置潜在的安全威胁，确保5G网络的稳定运行。

最后，5G技术的快速发展和广泛应用为各行各业带来了前所未有的机遇和挑战。为了保障这一技术的健康发展，我们必须不断加强安全风险防范能力，深化安全风险及跨行业网络评估工作，结合行业特点进行安全知识研究，并充分发挥标准统一化管理的优势。同时，我们还需要加强企业与行业以及机构之间的合作，共同推动安全管理工作的深入开展。只有这样，我们才能建立起一套完善的安全管理机制，为5G时代的安全保驾护航，为人们未来的生活带来更多的便利和安心。

参考文献

［1］李颖，张雪莹，张跃. 智能电网配电及用电技术解析［M］. 北京：文化发展出版社，2020.

［2］程利军. 智能配电网及关键技术［M］. 北京：中国水利水电出版社，2020.

［3］王轶，李广伟，孙伟军. 电力系统自动化与智能电网［M］. 长春：吉林科学技术出版社，2020.

［4］贾飞，张彤，宋柯. 机电一体化工程与智能电网［M］. 汕头：汕头大学出版社，2021.

［5］万炳才，龚泉，鲁飞. 电网工程智慧建造理论技术及应用［M］. 南京：东南大学出版社，2021.

［6］李可. 电力系统发展与智能电网研究［M］. 汕头：汕头大学出版社，2021.

［7］陈宏庆，张飞碧，袁得，等. 智能弱电工程设计与应用［M］. 2版. 北京：机械工业出版社，2021.

［8］林琳，黄南天. 复杂电能质量智能分析技术［M］. 北京：机械工业出版社，2021.

［9］乔林，刘颖，刘为. 智能电网技术［M］. 长春：吉林科学技术出版社，2021.

［10］刘杰. 计算机技术与物联网研究［M］. 长春：吉林科学技术出版社，2021.

［11］汤奕，王玉荣. 智能电网优化理论与应用［M］. 南京：东南大学出版社，2022.

［12］张新英，付川南，林婷婷. 智能电网发展与创新研究［M］. 长春：吉林科学技术出版社，2022.

［13］屈刚，贺达江，窦仁晖. 智能变电站工程应用技术［M］. 成都：西南交通大学出版社，2022.

［14］吴波，于虹，李昊. 变电站智能机器人巡检技术智能输变电技术［M］. 成都：西南交通大学出版社，2022.

［15］何冰洁，李军祥. 智能电网用电过程监测调整与异常诊断［M］. 南京：东南大学出版社，2022.

［16］刘石生. 低压配电网及配电新技术［M］. 西安：陕西科学技术出版社，2022.

［17］王海青，乔弘，王海红. 电力工程建设与智能电网［M］. 汕头：汕头大学出版社，2022.

［18］胡红彬，邹仕富，李忠. 智慧物联技术与电网建设［M］. 成都：电子科技大学出版社，2022.

［19］彭葛桦，李俊，钟庭剑. 电力工程及智能电网技术应用［M］. 长春：吉林科学技术

出版社，2023.

[20] 程健，王艳秋，张随平. 智能电网及其安全工程技术分析［M］. 沈阳：辽宁科学技术出版社，2023.

[21] 任杰，罗建勇. 电网智能巡检技术创新与实践成果2023［M］. 北京：中国建材工业出版社，2023.

[22] 龚静. "双碳"目标下智能电网故障检测的小波应用［M］. 北京：机械工业出版社，2023.08.

[23] 李晓斌，陈亦，关华深. 基于线长精确展放的输电线路架线智能化施工技术的研究及应用［M］. 哈尔滨：哈尔滨工业大学出版社，2023.

[24] 刘向波，王正国，潘志鹏. 电网大数据处理技术与网络安全［M］. 延吉：延边大学出版社，2023.

[25] 刘广袤. 基于5G无线通信的配电网自适应差动保护技术研究与应用［M］. 南京：东南大学出版社，2023.

[26] 刘宁，李国伟，田军胜. 电力系统自动化与智能电网技术研究［M］. 哈尔滨：东北林业大学出版社，2023.

[27] 宫德锋，于睿，董旭柱. 智能配电技术创新成果报告［M］. 北京：中国水利水电出版社，2023.

[28] 赵庆杞，刘桁宇. 新型电力系统智能配用电技术［M］. 北京：中国水利水电出版社，2023.

[29] 应泽贵，邹仕富，李杰. 智慧物联技术与电网建设［M］. 郑州：黄河水利出版社，2023.

[30] 刘保菊. 智能电网通信网中业务驱动的高可靠路由算法研究［M］. 长春：吉林大学出版社，2023.

[31] 陈建泉，张成，王建. 智能电网与电力安全［M］. 北京：中国原子能出版社，2024.

[32] 车孝轩. 分布式能源发电系统［M］. 武汉：武汉大学出版社，2024.

[33] 肖鹏. 智能电网信息安全风险与防范研究［M］. 成都：四川科学技术出版社，2024.